古典与现代艺术书系

意大利文艺复兴时期的宫廷艺术

古典与现代艺术书系

意大利文艺复兴时期的宫廷艺术

[美] 艾里森·科尔 著

胡伟雄 张永俊 译

金 菊 吴钦奇 校

中国建筑工业出版社

著作权合同登记图字：01—2006—4402号

图书在版编目（CIP）数据

意大利文艺复兴时期的宫廷艺术/（美）科尔著；胡伟雄，张永俊译．—北京：中国建筑工业出版社，2008
（古典与现代艺术书系）
ISBN 978-7-112-10411-6

Ⅰ．意…　Ⅱ．①科…②胡…③张…　Ⅲ．宫廷－建筑艺术－研究－意大利－中世纪　Ⅳ．TU-881.546

中国版本图书馆CIP数据核字（2008）第155804号

Art of the Italian Renaissance Courts by Alison Cole

本书由英国Laurence King出版社授权翻译出版

责任编辑：马　彦　程素荣　张幼平
责任设计：崔兰萍
责任校对：李志立　关　健

古典与现代艺术书系
意大利文艺复兴时期的宫廷艺术
[美] 艾里森·科尔　著
胡伟雄　张永俊　译
金　菊　吴钦奇　校
*
中国建筑工业出版社出版、发行（北京西郊百万庄）
各地新华书店、建筑书店经销
北京嘉泰利德公司制版
北京中科印刷有限公司印刷
*
开本：880×1230毫米　1/32　印张：6　字数：260千字
2009年1月第一版　2009年1月第一次印刷
定价：40.00元
ISBN 978-7-112-10411-6
(17335)

目 录

绪论

文艺复兴时期的宫廷

对意大利文艺复兴时期——包括15世纪和16世纪初——的研究，往往总是聚焦于佛罗伦萨(Florence)、威尼斯(Venice)和罗马(Rome)等几个著名的中心城市。毋庸置疑，这些城市有着无可非议的重要性，但在为此一时期意大利艺术的繁盛作出巨大贡献的众多艺术中心之中，它们仅仅占据了三个席位而已。在中世纪晚期的众多著述中，*rinascità*（复兴）一词的含义是指致力于复兴古典文艺，并充分调动人们在道德、政治和创意领域潜力的运动，而不是用来指称某一时期。在王公诸侯、罗马教皇以及共和国总督、银行家、商人和神职人员的推动下，15世纪的复兴运动最终成为了裹挟一切的潮流。分散各地的宫廷中务新尚异、追求宏伟风格并渴望得到肯定的思潮，在文艺复兴观念的传播与发展中一度发挥了重要作用。各个宫廷或紧跟最新的潮流与革新，或直接采纳这一思潮以迎合当地传统和政治话题，这一切使得此一时期的意大利艺术呈现出纷繁复杂、丰富多彩的面貌。因此，我们选择五个最值得研究的王侯宫廷——那不勒斯(Naples)、乌尔比诺(Urbino)、米兰(Milan)、费拉拉(Ferrara)、曼托瓦(Mantua)的辉煌文化来进行深入研究(图1)。

随着公元5世纪罗马帝国的衰亡，意大利分崩离析，此后的意大利人再也没有获得一种稳固的民族与文化认同感。大约自1200年起，意大利渐渐成为了一个由许多各自为政的城邦组成的“碎片”。在林立的城邦中，有佛罗伦萨、锡耶纳(Siena)、卢卡(Lucca)、威尼斯、热那亚(Genoa)所代表的共和寡头政治集团，有罗马教廷，还有无数的王侯宫廷，这些宫廷要么是帝国的封地（臣属于神圣罗马帝

图1 科西莫·图拉，《寓意人生》，1458～1460年。板面蛋彩、油画，110cm×71.1cm。国家画廊，伦敦。

图拉画下这位如梦似幻的女子形象是用来装饰费拉拉的以斯帖家族的贝勒费瑞别墅的。

国皇帝的领土)，要么是教皇的属地。他们在名义上须向领主（皇帝或教皇）纳税或为其作战，但实际上已享有自主权。南有那不勒斯、西西里（Sicily）两大王国，北有富强的米兰公国。其他重要的王侯宫廷如费拉拉、乌尔比诺（15 世纪 70 年代起建立公国）以及曼托瓦公国，相比之下规模均较小，但因其对艺术的大力赞助而颇有声望。此外，还有受制于教皇的小侯国萨卢索（Saluzzo）、蒙法拉托（Monferrato）以及里米尼（Rimini）、博洛尼亚（Bologna）、佩萨罗（Pesaro）等小宫廷。

近年来出现了大量关于王侯宫廷构成的讨论。意大利文 *corte*（宫廷）一词的原意为四面围合的空间，有如庭院。从政治和社会意义上而论，“宫廷”指的是王侯（土地的领主）、王妃、王室成员、朝臣、官员所居住的空间，这类空间具有由代表王侯行使权力的人划定的无形边界。宫殿或城堡处于宫廷的中心位置，它除了作为统治者主要的住所和城市的重要防御工事以外，更逐渐演变成为政府的财政和行政中心（图 2），它们与其他错综复杂的宫廷建筑物共同环绕着举行庆典的广场、大道、礼拜堂以及修道院、花园和狩猎场。各种各样的防御工事，如护城河、城墙和高大坚固的半月形堡垒，可带给里面的人安全感和与世隔绝的感觉。不过，这种与世隔绝的感觉更多决定于统治阶级自身。有些统治者，如费拉拉的埃尔科利 · 以斯帖（Ercole d’Este）坚持“君权神授”的观念，保持自己及其近亲与老百姓之间的距离（图 3）。其他统治者则比较平易近人。在统治阶级中，人人都把自己归为宫廷的一分子，从而有种“圈内人”的优越感，也因此会小心翼翼地维护和行使自己的特权。

图 2　通往费德里克 · 达 · 蒙特菲尔特罗公爵宫中庭的门厅，乌尔比诺，建于公爵在位后期（1442 ~ 1482 年）。

从实际情况来看，宫廷与外界也并非完全隔绝：宫内人事更迭频繁，访客往来

络绎不绝（其他宫廷派驻于此的大使和外交官也是宫中常住人口的一部分），而且受雇于宫廷的人员也未必住在宫内。加列阿佐·马利亚·史佛尔扎（Galeazzo Maria Sforza）在位时，米兰公国宫廷内人员大批量增加，当时宫廷内满布“外国人”和地方人士，与小宫廷萨伏依（Savoy）的联姻也使二者关系密不可间。联姻或缔结军事同盟意味着宫廷之间互通有无，而并非壁垒森严、互不来往（图4）。城邦之间的关系是否融洽，往往会从彼此之间的文化交流中反映出来。统治者通常还会让自己的私生子女与势力较小的贵族通婚，以达到联合的目的。宫廷与市政机关或教会机构之间的关系也同样暧昧不清，因为王侯也会参加重大的市政建设，并为教会捐款。此外，宫廷还会迁移——尽管没有北欧的宫廷迁移得那么频繁。在迁移过程中，宫廷的势力扩散到了王侯散布于乡间的属地，而不是集中于宫廷所在的城市内。在意大利，当宫廷从市中心迁到乡间或从一个城邦迁到另一个城邦时，会继续保持原有的都市特性，并且大部分宫中人员都会随行。

图3 以斯帖家族城堡狮子楼，建于15世纪，费拉拉。

然而，宫廷仍能基本上保持其一贯的特征：廷臣们去去来来，但其角色仍由王侯和王室决定，并受制于既定的仪式和当地政府原有的结构。除了凌驾于权力之上的王侯，宫中的官僚也操控着大权，他们通常在王侯授予的权限内独立行使。有些王侯委派身居高位的中间人总揽建筑工程与艺术项目，这些人负责审核蓝图与设计稿，并对实施过程中的各个阶段进行监视。一个宫廷的势力是否强大，可以根据它能否招募到能人（从将军到外籍乐师）以及能否在需要时立即召来他们来衡量。宫外人士进宫服务，多是受到经济利益及社会地位的吸引，另一些人则把宫廷当作个人事业的中转站。许多廷臣扮演着

图4 法恩扎出产的盘子，约1476年。锡面釉陶，直径45cm。大都会美术馆，纽约。

这个盘子饰有匈牙利国王马提亚·柯维努斯和阿拉贡的比阿特丽斯的徽章，这是二人1476年结婚的纪念物。

双重角色，他们一方面效命于宫廷，一方面又受雇于宫外人士。艺术家通常只是某一宫廷的临时性成员，他们四处漂泊，使不同的地方风格得以传播，而最新的技法也迅速得到认可。

成百上千的工人和艺匠参与了大规模的宫廷艺术工程，而指挥他们的则是贵族。文艺复兴时期的社会非常重视一个人的阶级成分：高贵的出身极端重要，尽管也有如弗朗西斯科·史佛尔扎（Francesco Sforza）般的投机分子。凭着自己的人脉关系和本事，史佛尔扎从一个雇佣军队长（*condottiere*）爬到了米兰公爵的位置上。职业，对一个人的社会阶级的变动最为关键，只有军人、文人、法律界人士才有机会被封为贵族。阶级划分最简单的形式是按照尼可洛·马基雅维利（Niccolo Machiavelli）在《曼德拉之根》（*The Mandrake Root*,1524 年）一剧中所采用的两分法，把人分成士绅和商贾、富人和穷人、本国人与外国人等。15 世纪末，莱昂纳多·达·芬奇（Leonardo da Vinci, 1452 ~ 1519 年）为史佛尔扎家族所统治的米兰提出了一个城市改造的计划：向阳的高地属宫廷和贵族所有，背阴的低地则分配给劳动者和穷人。这种上下分明的粗略划分明显地告诉我们，宫廷艺术是由贵族精英一手打造而成的，其欣赏者也主要是贵族精英。

图 5　安德里亚·曼提那画派，《公义的图拉真》（鲍拉·贡扎加结婚箱柜的镶嵌板），1477 年。木板蛋彩、灰泥画，上面饰以浮雕、蜡　彩，69cm×210cm。地方博物馆，克拉根福。

这块用来装饰一只精巧的镀金结婚箱柜的彩绘镶板，原来与另外一只配对，由鲁多维克·贡扎加的女儿鲍拉在 1477 年嫁给戈尔扎伯爵莱昂纳多的时候带往德国。这两块镶板的饰带以连环形式描绘了一则教化意味甚浓的古代感人故事，以此向这对新人示范基督的美德。然而，相比画面上盛大的游行军队，故事的含义已经退而居其次了。建筑物包括曼托瓦的圣安德里亚教堂，以及饰有贡扎加家族光芒四射的太阳徽章仿古飞檐的宫殿主立面。

图 6 史佛尔扎祭坛画，约 1496 ~ 1497 年。板面蛋彩画，230cm×160cm。布瑞拉，米兰。

鲁多维克 · 史佛尔扎之妻比阿特丽斯细部。

各国之间频繁的外交活动，使意大利各地方宫廷和国外宫廷保持了密切的关系，尤其和法国、德国、西班牙、勃艮第（Burgundy）等地的宫廷走得最近。尽管意大利各宫廷实际上只具有省级地位，但只要对国外来访的权贵予以热情的接待，并与国外高层贵族通婚，就能提高自己的国际地位（图 5）。正如利昂 · 巴蒂思塔 · 阿尔伯蒂（Leon Battista Alberti）在《论家族》（*Della Famiglia*，1435 ~ 1444 年）一文中写到的，联姻关系到“全郡、全地区乃至全世界”。然而，直到 15 世纪末，也没有任何一个意大利宫廷的国际威望能够和罗马教廷相颉颃。但从某种意义上讲，它们可以以艺术为手段来提高自己的威望并追赶时代的潮流。因此，意大利的王公们努力模仿勃艮第城堡内部华丽的装饰，收藏法国骑士的浪漫传奇，觊觎英法骑士团的地位，并穿戴优雅的西班牙服饰，学习西班牙人的礼仪（图 6）。

多数王侯身兼雇佣军队长之职，通过为意大利较为强大的政权提供雇佣军或专业军事顾问而赚取巨额的佣金。对像乌尔比诺这样缺乏地方产业与资源的城邦来说，统治者的雇佣合同便成为了主要收入来源。王侯及乐意为王侯效命的人都必须接受军事教育和骑术训练。王侯甚至在年幼时便被送往其他宫廷或著名的雇佣军队长处学艺，而后在狩猎场或运动场和马上长矛比赛中一展身手。自 15 世纪 40 年代起，宫廷又兴起另一股风气：统治者让子女接受人文主义教育，培养他们重视荣誉的骑士精神，并掌握古希腊罗马人的政治手腕与军事谋略。更重要的是，古希腊和罗马的道德规范能够为他们提供参照，以约束日后的职业生涯和私生活。“人文主义”（humanism）一词源自于“人文学科”（humanities），后者课程内容包括文法、修辞学、诗、历史以及道德哲学，同时十分强调阅读以拉丁文写成的

古典经文的能力——拉丁文正是文艺复兴时期知识分子所使用的语言。这些经文大都在中世纪后期被重新发现，并在文艺复兴时期受到空前重视。

统治者们的家眷通常也受过人文主义教育，不过由于她们缺乏资金而无法大力赞助艺术。妻子们所得的钱财基本上用于家庭开销，而其个人消费大都由丈夫支付（妻子穿得漂亮，丈夫脸上有光）。她们对自己房间的装饰饶有兴致，并订购一些小型的祈祷画或精印插图手绘本，对于公共艺术则极少参与。在费拉拉宫廷——伊莎贝拉·德·以斯帖（Isabella d'Este）生长的地方，女子似乎拥有较大的参政权和艺术项目的决策权。在这里，阿拉贡的埃丽奥娜拉（Eleonora of Aragon）在丈夫出宫担任雇佣军队长期间负责处理邦内邦外之事，而阿方索·德·以斯帖（Alfonso d'Este）的妻子露克蕾西娅·博尔基亚（Lucrezia Borgia）则主持着一个享有盛名的文学和艺术圈子。尽管如此，从统治者夫妇的双人肖像仍可以看出妻子所能操持的领域是有限的。在皮耶罗·德拉·弗朗西斯卡（Piero della Francesca）为乌尔比诺君主费德里克·达·蒙特菲尔特罗（Federico da Montefeltro）与妻子巴蒂思塔·史佛尔扎（Battista Sforza）所作的板面油画的背面（图 7），丈夫画像下写着四种基本美德：正义、谨慎、坚毅、节制，妻子下方写着三种美德：信、望、爱。巴蒂思塔下方的题字写道："贤淑谦逊的女子，人人称颂，也因为她丈夫的功德而光彩倍增。"

宫廷的特质主要由其规模的大小、财富的多寡以及王侯的家世决定。费拉拉的以斯帖家族以及曼托瓦的贡扎加家族（the Gonzaga），其先祖在乡间及城市拥有广袤的土地，他们的财富来自于农业和雇佣军出租而非商业经营。米兰的维斯康提－史佛尔扎家族（Visconti–Sforza）拥有兴盛的产业基础，但其特色主要呈现为军人家族。相反，共和政体的经济通常是以其在地方上作为商业或产业中心所具有的影响为基础的。在这些共和城邦里，贵族基本上与当地的居民融合在一起，居民当中有较多的中产阶级。佛罗伦萨、热那亚、威尼斯这几个共和政体政府是由少数几个贵族家族操控的委员会所统治的。威尼斯承袭了拜占庭（Byzantine）文化，继承了她的财富，还有她作为地中海地区国际贸易枢纽的地位。威尼斯政府与教会的亲密关系，通过其艺术中经常出现的基督教人物形象可窥一斑。

1434～1494年间由美第奇（Medici）家族统治的佛罗伦萨，部分地接受了宫廷的骑士文化。佛罗伦萨的"宫廷"中心地位问题复杂而且模糊不清，人们一直为此争论不休。不过，虽然美第奇家族只是银行家而非接受过骑士教育的军人，但是，他们所赞助的颇具宫廷气质的艺术，甚至比真正的宫廷艺术更具贵族气息。美第奇家族没有统辖过大宫廷，它的艺术中也没有高高在上的王室气派。有助于形成佛罗伦萨艺术别具一格的特质的几种技能——应用数学、读写和计算能力——是佛罗伦萨商业伦理的产物。在15世纪初，代表不同利益的行会，包括丝绸羊毛商行会和石工木匠行会等，委托、赞助制作了大多数的公众艺术作品，并对它们进行了严格监督。这些行会就和王公贵族一样，为了获得那些竞相建造精美宫殿和私人礼堂的富裕企业家的青睐而彼此竞争。人文学者莱昂纳多·布鲁尼（Leonardo Bruni）将佛罗伦萨人的祖先追溯到古罗马的共和时期，而佛罗伦萨的人文学者歌颂的是市民的道德，而非宫廷所看重的君主美德。尽管如此，美第奇家族遍布全球的银行分支机构为他们赢得了极高的名声，连其他城邦也承认他们的"王者"权势和影响力。

罗马有它自己的特殊任务：声称自己是现世的精神、宗教、政治领袖（以意大利领主的身份）。1420年，随着

图7 皮耶罗·德拉·弗朗西斯卡，《胜利的寓言》，取自《费德里克·达·蒙特菲尔特罗与巴蒂思塔·史佛尔扎肖像双联画》背面，约1472年。板面油画，每联47cm×33cm。乌菲兹美术馆，佛罗伦萨。

巴蒂思塔坐在一辆由独角兽（象征贞节）所拉的四轮车上阅读一本祈祷书，象征三种美德的人物围绕周围。她身穿枣红衣裳——枣红是殉难的象征，暗示她为费德里克生下一名嫡子之后不久便去世了——途经一片薄暮之中的风景。"胜利"正在为费德里克加冕，象征四种基本美德的人物与他随行，朝着妻子的方向前进，风景光线光明，与妻子身后的风景形成微妙的对比（但两幅画的风景其实是连贯的）。下方的题字暗示他"战果辉煌"，理应得到王位。

图 8　从乌尔比诺公爵宫殿眺望窗外毗邻的乡间景色。

罗马教皇制度的重新建立［罗马的教皇制自教会大分裂（the Great Schism）后长期处于真空状态，这期间有几任教皇驻节法国阿维尼翁（Avignon）］，罗马迫切需要向人们宣称自己是基督教世界惟一的首都。罗马，从一个小市镇和毫不惹眼的朝圣中心，逐渐变成一座大城，其壮观的建筑、辉煌的文艺成就足以与那不勒斯、佛罗伦萨以及米兰相抗衡。它一旦恢复古罗马帝国的荣光，便开始修订古代的语言，以适应时势。除了教皇，强大的男爵家族以及教廷富有的枢机主教也开始大规模地赞助艺术和学术活动。从社会等级上来看，枢机主教相当于王侯，有很多枢机主教创建了他们自己的附属宫廷。

对文艺复兴时期的研究之所以忽略了世俗宫廷，主要可能是因为宫廷赞助的艺术品至今已所剩无几（图 8）。动荡的政治形势，宫殿和礼拜堂的不断装修和翻新，使得许多重要的作品已经损毁殆尽，许多作品都只有通过珍贵文献（大使和外交官的报告中包含着丰富的资料）以及当时的文学作品和论文才能约略了解。尽管如此，留存下来的艺术品仍足以展现这些宫廷华丽的品位。当近年来学术界重新燃起对这个领域的兴趣时，相关的著作也如雨后春笋般涌现。在有些著作强调宫廷艺术彰显了贵族的奢靡以及政权的专制时，也有一个新的更具启发性的思潮，提出把艺术置于庞大的文化架构中，探讨其复杂的功能和价值。虽然我们可能无法在艺术中找出一个统一的所谓“宫廷”风格，但尝试区分并确认不同地区的“宫廷”风格和样式，探讨艺术在不同宫廷中的独特用途，应该不无裨益。

第一章

艺术与宫廷的“壮丽”风格

对文艺复兴时期的君王来说，在艺术和建筑上尽情挥霍钱财是件荣耀的事情。整个14世纪，人们的财富观念一直比较保守，认为花钱须合乎道德、用于社会（当时有许多关于禁止铺张浪费的法律）；然而到了15世纪，这种观念逐渐被抛弃。甚至连佛罗伦萨这么一个因害怕招来嫉妒而不鼓励奢华的共和国，也渐渐接受了美第奇家族中的头号人物科西莫·德·美第奇（Cosimo de' Medici）满城建楼的作风。佛罗伦萨的人文主义者，如出身于显赫贵族世家的莱昂纳多·布鲁尼（Leonardo Bruni）和利昂·巴蒂思塔·阿尔伯蒂，引用古希腊哲学家亚里士多德（Aristotle）的话来支持这些铺张的行为，他们辩称：财富是向世人行善的先决条件，因为只有富人有钱做善事和从事公益活动。然而，科西莫只是一个大银行家族的头头，而不是一朝之君，为此他采取了一个缜密的两全其美的办法。一位市民看到佛罗伦萨的许多建筑物上都是科西莫的盾徽（coat of arms，意大利文为*palle*，直译为balls），感到特别气愤，抱怨科西莫存心想把他那些“卑鄙的球”塞进每个人的喉咙。留意到这类反应后，科西莫放弃了建筑师菲利波·布鲁内勒斯基（Filippo Brunelleschi）为其宫殿所作的雄心勃勃的规划，而选择了更为庄重朴实的米开罗佐·迪·巴多罗米欧（Michelozzo di Bartolomeo）的设计。巴多罗米欧将贵族气派的装饰藏于内庭和室内（图9、图10），在这里，科西莫可以放心大胆地款待造访的大使和王侯而避开公众的耳目。

图9 果佐利，《东方博士的旅程》（局部），1459年。壁画。美第奇－里卡迪宫礼拜堂，佛罗伦萨。

果佐利这件奢华的壁画是受科西莫的儿子皮耶洛·德·美第奇（以侧面出现的骑白马者）委托而作，后者偏好贵重的材料以及丰富详实的细节。

从传统上看，公侯们很少因为将金钱挥霍在艺术和典礼上而感到惴惴不安。再怎么不得人心的王侯也会有人

辩护，如米兰公爵菲利波·马利亚·维斯康提（Filippo Maria Visconti）在将大笔金钱花在建筑工事上后，努力将其奢靡行为鼓吹成一种“壮丽”（*magnificentia*）的品位（图11）。亚里士多德关于“壮丽”的理论早在14世纪之初便已复活，成为菲利波·马利亚的祖先、米兰的领主阿佐内·维斯康提（Azzone Visconti，1302～1339年间在位）的政治理念的一部分。阿佐内的“壮丽”，体现在“体面的”教堂和“高贵的”宫殿的装饰、伟大的公共建设工程，以及令人注目的宗教盛会之中——这一切，在加瓦诺·菲亚马（Galvano Fiamma）当时所作的一部编年史中有着生动的描述。书中主要通过描述材料的贵重、工艺的精湛、器物的珍稀与奇异，甚至某件壁画的崇高道德意味［这件作品是以显赫的君王为题，其中包括查理曼大帝（Charlemagne）和阿佐内］，以及众多著名的大师的参与来表现这种壮丽风格。菲亚马所列举的“难以形容”的奇观有：数座镀金涂青或施以珐琅的人像，一个镶满珍贵珍珠、令人惊叹的十字架，一座上面装饰有用金属打造的、手中高举着维斯康提家族标志物——蝮蛇——的天使的大教堂钟楼。

图10 米开罗佐·迪·巴多罗米欧，美第奇－里卡迪宫中庭，佛罗伦萨，1466年动工。

这个方形的中庭装饰着仿古的拱廊、浮雕、彩绘花圈，科西莫盾形徽章装饰无所不在。最初这里是用来祭拜的圣殿。

依靠征服其他领土所掠夺的巨额财富，阿佐内维持了他的壮丽品位。大肆展现辉煌壮丽，无异于公开宣告米兰对其政治经济实力的信心，同时也可以借此掩盖政治舞台幕后剑拔弩张的态势。套用流行的说法，辉煌壮丽属于和平时代，只有当领主们远离内忧外患之时，才有精力去将宅第打造得金碧辉煌、安全坚固。菲亚马明确表示，阿佐内设防的王宫可以对其臣民施加这样一种影响：“威慑臣民，使之敬畏”，进而认定他是一位“不可侵犯”的君王。众多的公共建筑表明阿佐内热心公益，而他所赞助的礼拜堂、大教堂，则可见证他虔诚慷慨的胸怀。在当时流行的庄严的宗教庆典中，可以看到处处是他提供的旗帜、花饰

图 11 伯尼法齐奥 · 本博，《权杖王后》/《圣杯骑士》，布瑞拉－布朗毕拉 · 维斯康提－史佛尔扎塔罗牌，15 世纪中叶。每张 17.8cm×9cm。布瑞拉，米兰。

本博的塔罗牌是由米兰公爵菲利波 · 马利亚 · 维斯康提委托制作的，一直到他的继任者弗朗西斯科 · 史佛尔扎及其妻毕安卡 · 马利亚 · 维斯康提在位时完成。纸牌上处处有维斯康提和史佛尔扎两个家族的徽章与标语：圣杯骑士胯下坐骑身上的金色衣饰上（右），绘有维斯康提家族造型独特的、光芒呈波浪形的太阳徽章。

等，这表明对阿佐内而言，壮丽的事物既可以为政治服务，也可以为宗教服务。

15 世纪，王侯们仍将艺术和建筑视为展示壮丽品位的手段。他们用不着以北欧那些有威望的宫廷为模范，只需遵循他们本地的宫廷建筑传统。这样一来，王侯为自己的统治赢得了广泛的基础——这个基础扎根于当地人民的自豪和历史的延续。君主们还通过雇用曾经为前朝服务过的当地艺术家，或完成前朝未竟的工程来进一步强调政统的延续（见图 11）。随着人文主义者对古希腊、古罗马道德规范的兴趣的与日俱增，君主们将先贤的风格与对古罗马帝国“壮丽”形式的刻意摹仿结合在一起。人文主义者乔

凡尼·彭达诺(Giovanni Pontano)在其著作《论壮丽》(*De Magnificentia*，1486 年）中，将古罗马文明的遗迹、查理曼大帝在美因茨(Mainz)建造的桥梁,以及科西莫·德·美第奇、教皇尼古拉斯五世（Pope Nicholas V）和西斯笃四世（Pope Sixtus Ⅳ）所赞助的教堂、别墅和图书馆作为“壮丽”的典范。

在《建筑论》（*De Re Aedificatoria*，约著于 1450 年，出版于 1485 年）一文中，阿尔伯蒂写道：“如果说整个意大利已经遭到了一场翻新竞赛的大火焚烧，谁能否认呢？我们儿时的那座由木头搭建的伟大城市，突然间变成了一座大理石之城。”在宫廷之间，这种竞争的劲头更足，以新换旧的渴望也尤为热切。因此，当米兰公爵弗朗西斯科·史佛尔扎着手重建自己的吉瓦城堡（Porta Giova）之前，便急于弄清楚圭勒姆·萨格瑞拉（Guillem Sagrera）在那不勒斯为阿拉贡国王阿方索（Alfonso of Aragon）所建的新城堡是什么模样，而曼托瓦王侯费德里克·贡扎加一世（Federico I Gonzaga）则想让他的新宫殿以乌尔比诺公爵的宫殿为蓝本，因为“这宫殿，听说妙极了”。这些壮丽的建筑大都出自于君王们自己的构想，因此它们也使君王们的声望大大提高。1454 年《洛迪和约》（*Peace of Lodi*）签订，意大利半岛迎来了新的稳定政局，此后，所有的城市都以宫廷为核心重新进行了规划设计。宫廷之间复杂的军事竞争关系使得这种翻新竞争更加激烈。以斯帖、贡扎加、史佛尔扎三个家族控制着意大利北方的宫廷，他们热衷于互相攀比、模仿，但又恰如鲁多维克·史佛尔扎（Ludovico Sforza）的妻子比阿特丽斯·德·以斯帖（Beatrice d'Este）所说：他们又担心“过度的模仿会冒犯对方”。

宫廷的价值观大多受到法国和英国骑士文学的影响，直到 15 世纪末，中世纪的法语依然被视为一种最高贵的语言。教皇一度驻节法国阿维尼翁，受此事的影响，枢机主教和王侯们仍保留着收藏精致的法国象牙制品和小雕像的习惯。在艺术上，国际哥特（International Gothic）风格（图 12）—— 一种受到伦巴第（Lombard）、锡耶纳、法国—佛兰德斯（Franco-Flemish）艺术影响，融会而成的高雅的、形象化的语言——与新兴的佛罗伦萨风格并立。佛兰德斯艺术家在意大利上流社会圈中颇受敬重，而佛兰德斯的音乐家和织毯工也被视为世界一流。

图12 简提列·达·法布利阿诺，《东方博士朝拜》，斯特罗兹图版，1423 年。板面蛋彩画，300cm×280cm。乌菲兹美术馆，佛罗伦萨。

翁布里亚画派的法布利阿诺在北部意大利宫廷因其“建筑装饰”而声名在外。法布利阿诺为佛罗伦萨富商斯特罗兹画了这幅画。斯特罗兹对贵族身份的艳羡通过简提列的国际宫廷风格予以了充分展示。画板上主要部分群集了一批高雅的人物，他们的衣服花样和纹理各不一样。具有象征意义的颜色（耀眼的金色用于天堂和光环）与描述性细节融合，内容包括成排的树木、建筑物到王冠上“真正”的黄金、锦缎、马饰等细节。金色佩饰，特别是金光闪闪的剑柄和马刺，暗示着斯特罗兹作为黄金骑士团成员的身份。

图 13　曼托瓦诺及其助手，朱里奥·罗马诺草图摹本，赛姬厅，1527～1530 年。壁画，特宫，曼托瓦。

这里显示的是餐具架局部，上面陈列着贵重的器皿和金、银器。

意大利贵族一方面羡慕北欧宫廷高贵的、讲究排场的社交活动，另一方面又相信自己与生俱来的优越感。这一切，都源于他们强烈的都市性格，这种性格使意大利贵族具有精明的商业意识和优越的社会地位意识。乔凡尼·彭达诺在为卡拉布利亚（Calabria）公爵小阿方索（即那不勒斯王国的王位继承人）所撰写的《君王论》（*De Principe*，1468 年）中，承认意大利的统治者们从法国引入了诸多风尚，但又提醒小阿方索“意大利人崇尚高雅”。在别的文章中，彭达诺还表达过一种在当时非常流行的、具有仇外情结的观点：法国人进食仅为满足口腹之需，意大利人则是为了追求“华美”（*splendore*）。这里的华美不只是指餐宴的仪式及具有审美意味的餐具、摆饰，也指食物本身。彭达诺在晚年所撰写的《论华美》（*De Splendore*，1498 年）一文中强调了富人娱乐场所的华美：即便是位于乡间的别墅，也会高雅而不凡。别墅内应该有抛光的家具、柄上刻有纹路的刀具、图画、雕像、织毯，以及用奇珍异物装饰的餐具柜。这些器物因其优美的造型和精细的做工而备受珍惜，它们的用途主要是供人观赏把玩，而不应尘封柜中（图 13）。

华美并非王侯的特权，像阿方索一世的史官巴特罗米欧·法吉欧（Bartolomeo Fazio）一样的朝臣们，也将辛辛苦苦挣来的钱花在赏心悦目的精致饰物上。当法吉欧收到阿方索付的一笔丰厚的报酬时（法吉欧为阿方索写了一部史书，得到了 1500 达克特金币的酬劳，这相当于阿方索手下一名步兵年收入的 6 倍），便立即派人前往威尼斯买回了一只非常特殊的用于冷藏葡萄酒的玻璃碗，碗沿饰有黄金。他还从英国订购了一套极其精致的白镴器皿。这类器物——包括精致的瓷器和意大利花饰陶器所带给人们的乐趣，在乔凡尼·贝里尼（Giovanni Bellini）《众神之宴》（*The Feast of The Gods*，图 14）一画中有着鲜明的体现。曼托瓦的宫廷医师兼诗人巴蒂思塔·费尔拉(Battista Fiera),在为侯爵弗朗西斯科·贡扎加(Francesco Gonzaga)治疗梅毒之后,用诊疗费为三位重要人物塑立了半身雕像,这三个人分别是:他在曼托瓦的赞助者、古罗马诗人维吉尔(Virgil,生于曼托瓦)、素有"曼托瓦的维吉尔"之称的巴蒂思塔·斯巴诺利(Battista Spagnoli)。华美与壮丽一样,也有过与不及的问题,经常有流于低俗或平庸的危险。彭达诺列举米兰公爵加列阿佐·马利亚的假宝石和古罗马皇帝希利加巴拉(Heligobalus)的假黄金便壶作为两个极端的例子。

"壮丽"也应以适度为原则,明智的君主都明白这个道理。在亚里士多德的《伦理学》(*Ethics*,公元前3世纪)中,"壮丽"被定义为"在重大的场合举止得体"。换句话说,花钱不能只讲慷慨,还要用之有度。近年来,针对宫廷历史的许多研究都过分强调宫廷艺术的奢华,而对其所反映的一套繁杂的价值体系则重视不够。婚礼、加

图14 乔凡尼·贝里尼,《众神之宴》(提香于1529年重绘画中风景),1514年。布面油画,170cm×180cm。国家画廊,华盛顿。

贝里尼这幅画属费拉拉公爵阿方索·德·以斯帖所有,它以透明油彩来表现中国青花瓷的光泽以及白蜡和威尼斯玻璃的光感。衣饰模仿熠熠生辉的丝缎,让景色更为华美。

图 15　菲利波·利比，《修道院院长圣安东尼》与《天使长米迦勒》(为阿拉贡国王阿方索所作的三联画之左、右翼)，1457～1458 年。织维板（原为画板）蛋彩画，每联 81.3cm×29.8cm。克利夫兰美术馆。

乔凡尼·德·美第奇委托画家为阿拉贡国王阿方索绘制这幅三联画时时，要求确保画的内容合乎时宜。左右两块画板上的圣徒，文人圣安东尼（左）和战士米迦勒（右）是阿方索的守护圣徒，而中间画板上绘着的《朝拜圣婴》（现已亡佚）则是阿方索最喜欢的祈祷像。阿方索对这件作品评价甚高，并将他挂在新堡的礼拜堂内。

冕礼、凯旋式、葬礼、正式访问等各种盛大的场合集结了来自各地的君王和达官显贵，以及声势浩大的随从，因而成为各宫廷大肆炫耀的舞台，各君王不仅要重视这些场合，并且还得费尽心思讲排场，以达到国际水平。花样繁多的赠礼，包括勋章、精印插图手绘本、绘画、纯种马、精心打造的盔甲、刺绣衣物等等，都必须“量体裁衣”，要与收礼者的地位和品位相称。如乔凡尼·德·美第奇（Giovanni de'Medici，科西莫之子）想讨好虔诚的阿拉贡国王阿方索，便给他送了一幅由佛罗伦萨的顶尖画家菲利波·利比（Fra Filippo Lippi）创作的三联画（图 15）。资助教堂、修道院、宫殿这类庄严的建筑物时也同样地必须心怀敬意，任何装饰都必须与其场所和功能相吻合，炫耀不当会受到谴责。

位于宗教或世俗场所的艺术，其材料的质地与耐久性也必须与该场所的重要性相匹配。关于彩绘装饰品和手抄本所使用颜料的质地，赞助者总会在合约中予以规定：宫殿和礼拜堂的壁画毫不吝惜地用黄金和佛青（一种由粉末状天青石制成的蓝色颜料，是所有颜料中最昂贵的）。在曼托瓦的豪华宫殿中（Palazzo del Corte），出自维罗纳（Verona）艺术家毕萨内罗（Pisanello，又称安东尼奥·比萨诺，约 1415 ~ 1455 年）之手的一系列未完成的壁画，以一层蚀刻着装饰图案并涂有仿金银箔的浅浮雕，来表现使者身上的锦缎以及骑士耀眼的武器和盔甲。镂空的图案则用来模仿锁子甲（图 16）。这些材料价格昂贵，照耀在凸出部位及凹凸不平的镂空表面上的光线经过反射，亦发光彩熠熠。布料的质地与社会阶层划分有密不可分的联系（丝绸、丝绒锦缎是社会地位的标志，而粗布则代表贫穷），颜料也是如此。各地的宫廷如曼托瓦，依靠他们派驻在威尼斯的代理人为他们提供上等的颜料和其他绘画材料——在安德里亚·曼特纳（Andrea Mantegna）所作的《雅典娜驱恶》（*Pallas Expelling the Vices*）中，甚至还包括最“完美的”速干清漆。

经过镀金、精雕细刻或用作精细的镶嵌板，木头之类的便宜材料可以变成王侯礼拜堂或宫殿内的豪华家具。木质装镶饰图案往往描绘城镇的景观，这类图案因为与

图 16 毕萨内罗，公爵宫殿内未完成的壁画（细部为一群骑士），曼托瓦，1447 ~ 1448 年。壁画，镂空装饰。

骑士的链子甲上最初附有银叶子。

数学以及几何这两门人文学科有关而变得高贵起来，而如果灰泥装饰够精细复杂或镀金，身价也可以变得不凡。进口石材比本地生产的要昂贵，评价也较好：费拉拉的君王埃尔可雷·德·以斯帖的宫殿便大量采用来自托斯卡纳（Tuscany）质地极佳的卡拉拉（Carrara）大理石。由于曼托瓦和费拉拉没有本地石材，因此当地的建筑物大多用砖制造。正因如此，费拉拉钻石王宫（Palazzo dei Diamanti）以切割成钻石状的大理石砌成的立面和采用伊斯特亚石（*pietra d'Istria*）贴面的四个角落才如此气派十足，让人永志难忘。

除了强调合乎场合、身份之外，当时还特别针对王侯进一步提出了合乎礼俗和高贵的观念。15世纪出现了许多讨论"王侯"的文章，其中强调虔诚、公义、坚毅、谨慎、节制、宽宏大量、乐善好施等传统美德。此外，还频频出现了两种有关的德行：王侯的仁爱品行和最为重要的品行——威严。威严是王侯高贵和权威的极致表现，可以使其谈话雄辩有力，穿着端庄而不失严谨。彭达诺建议王侯不宜暴饮暴食，走路要稳重，切忌捧腹大笑，或像"一匹嘶叫的马"那样紧张地扬起头来。说话要考虑当下情景，要慢条斯理而不要冲动。15世纪对权威的看法的实质就是将高贵的气质形之于外。研究这个课题，就必须了解15世纪宫廷艺术的一大特色，是经常描写王侯、王妃，以及随身护卫（包括人间的朝臣以及天上的天使和守护神）。高贵的气质不只反映在画中人物的高雅的穿着、姿态和举止，

图17 阿尔伯蒂，马拉特斯塔神殿，1453年底动工，1468年未竣停工。圣方济教堂，里米尼。

阿尔伯蒂建造的这座所谓神殿或庙宇，以大理石、斑岩和伊斯特亚石赋予这座中古时期的砖造圣方济教堂以"古典"的外壳。立面借鉴了里米尼的奥古斯都凯旋门造型，原来计划加上一个近似罗马帕特农神庙的圆顶（但从未着手兴建）。西吉斯蒙多·马拉特斯塔是为了履行他在卷入"意大利战争"之后于1450年所立誓言（建筑正面的饰带便大肆宣传此事）。两侧墙上的希腊文题字为："因为勇敢等品行而胜利，（他）建造了这座富丽庄严的神庙以纪念永在之神和城市。"

也表现在画家节制的构图与用色。

阿尔伯蒂在献给曼托瓦侯爵基昂弗朗西斯科·贡扎加(Gianfrancesco Gonzaga)的拉丁文著作《画论》(*De Pictura*, 1453年)中规劝画家在描绘故事时如果看重高贵气质的表现，那么就得减少人物的数量，“因为少言寡语使王侯益发威严——只要大臣能理解他的命令便可，同样，严格控制角色的数目，图画也会显得高贵”。单单华美的材料并不足以表现出威严(正因为如此，阿尔伯蒂才会警告那些滥用黄金的画家)，还必须具有古代修辞学所讲究的清晰、有序，以及合乎礼俗等特点。这种重点的转移说明了为什么曼特纳、弗朗西斯科，以及阿尔伯蒂本人严谨节制的作品也可以表现当时只有通过琐碎复杂、华丽无比等与宫廷关系较为密切的艺术技巧才能表现的宫廷思想。

高贵气质与合乎礼俗观念的召唤，与当时经典的流行有密切联系。文艺复兴时期的理论乞灵于古罗马学者西塞罗(Cicer)和昆体良(Quinitilian)的修饰学，而建筑回归古代理想则要归因于1414年发现了古罗马建筑师维特鲁威(Vitruvius)的拉丁文著作《建筑十书》(*De Architectura*，公元1世纪)。维特鲁威将柱式[多立克、爱奥尼、科林斯(Doric, Ionic, Conrinthian)]视为社会阶级与美感层次的表现，严格要求按照范式来区分建筑物的地位。阿拉贡国王阿方索的秘书、人文学者帕诺米塔(Antonio Panormita)曾提到，国王在重建新堡时将维特鲁威的著作奉为圣典，国王的孙子阿方索二世命令建筑师弗朗西斯科·迪·乔吉奥(Francesco di Giorgio)专门为他翻译此书。古典建筑语汇超越较为“现代”的法国—德国(Franco-German)哥特风格，越来越受到宫廷的青睐(尽管当时米兰建筑仍然热衷于夹杂伦巴第罗马风风格的哥特风格)。阿尔伯蒂的《建筑论》是为受过人文教育的新生代王侯所写的，鼓励他们采纳这种新兴的古典建筑语汇，而他自己为里米尼的马拉特斯塔家族君王以及曼托瓦的贡扎加家族设计的建筑物(图17)，也融入了不同的古典建筑元素，如神殿的正面与凯旋门的拱。

在赋予一栋建筑物崇高社会地位的过程中，雕刻装饰和参考古典建筑的比例法则一样重要。即使是柱子和壁柱，也可能被15世纪的建筑师当成装饰物，而不是结构元素。

图18 阿格斯提诺·迪·杜其奥，《月神》，约1451～1453年。大理石浮雕。“行星礼拜堂”，马拉特斯塔神殿，圣方济教堂，里米尼。

佛罗伦萨的杜其奥(约1418～1481)和维罗纳的帕斯蒂(约1420～1490)主要负责了马拉特斯塔神殿内部的豪华装饰，前者被说成是“石匠”，后者则是“建筑师”。这件优雅的人物像截自教堂东边的一座礼拜堂内，其特征是有行星和十二宫。其他礼拜堂内饰有上帝、女先知、缪斯女神以及象征美德与自由艺术的人像。瓦图里欧在《论战事》(献给西吉斯蒙多·马拉特斯塔)中，盛赞这些人像浮雕表现技巧的娴熟：“仅仅了解这些人像的外形还不够，而陛下——当代最聪慧，无疑也是最突出的君王——更借助深微奥妙的哲学来掌握这些人像的特色。这类作品尤其能够吸引那些饱学之士，他们几乎完全不同于普通人。”

阿尔伯蒂说，权贵的建筑“在经费的许可范围内，雕饰和施工应力求宏伟壮观”，相对私人住宅而言，公共建筑更应如此。他劝告那些富贵位高的业主要把握分寸，但是“宁可在装饰上多花点钱，也不可过少而使之素净乏味”。阿尔伯蒂自己还未完成的马拉特斯塔神殿（Tempio Malatestiano，一座王侯陵墓）计划以人物雕像、浮雕和仿古花圈雕饰作为装饰，还在大门四周饰以斑岩制成的镶板。室内还装饰了文化典故丰厚的精细浮雕（图18），因为陵墓的赞助者西吉斯蒙多·马拉特斯塔（Sigismondo Malatesta）相信这些人文装饰可以增加精英们对这座陵墓的兴趣。

合乎礼俗的原则同样适用于室内的壁画装饰。位于城市王宫内接待外宾的大厅对有教化意味的历史题材偏爱有加，如名人的生平、战争、凯旋等题材都很受欢迎。王侯别墅内用于私人休闲的房间则可能描绘一些非正式的有趣的题材，有的甚至可能含有色情成分。这些房间描绘宫廷娱乐壁画的目的往往是为了取悦到此参观的人，壁画的主题包括狩猎、猎鸟、玩牌、球赛（图19）、宫中的情爱游戏、通俗小说的片段，还有为王侯解忧不可或缺的最受欢迎的侏儒和小丑肖像。一些小一些的房间用重复的图案如壁纸来装饰，还有一些房间则是将墙壁粉刷成白色（宫廷艺术家还得监督粉刷过程）。

图19 波罗梅欧宫游戏比赛壁画画师，《球赛》（局部），约15世纪40～50年代。壁画。波罗梅宫，米兰。

王侯的主要宅邸内较重要的准私人房的装饰往往更加精巧复杂。这些房间既不是只供王侯本人欣赏，也不是为了他的臣民百姓观赏而设计——他们多数无缘目睹室内的华美。近来已有不少研究指出，这些装饰的主要目的是为了从意大利其他宫廷或国外宫廷来访的王侯、官员、大使、外交官。为了向这些国外达官显贵表示尊重，并留下深刻美好的印象，他们准许进入私人卧房以及内部的谒见室（通常位于 *piano nobile*，也就是最重要或最豪华的那一层楼，一般在二楼）。画室（*studiolo*）——王侯的最私密空间，既是宁静的避风港、书房，也是其艺术游赏的地方——也是一个重要的作品展示之处。它通常悬挂有王侯最喜欢的绘画、精细镶嵌木工版画，以及精选的艺术品。

图 20 林堡兄弟，《一月》，出自《贝利公爵丰美时节祈祷书》，1413 ~ 1416 年。墨水、胶彩和精致皮纸，每页各 29cm×21cm。孔德博物馆，简提区。

这幅选自著名的勃艮第贝利公爵祈祷书中的月历插图表明了织毯和壁毯的纪念性用途：一条红色的丝织锦缎悬挂于宴会餐桌之上，并饰以金色百合花纹，而作为晚会和隆重礼物赠送仪式背景的是一条画面恢宏的骑士毯，内容描绘了图拉真战争。

图 21 阿拉斯工厂（?），德沃行猎织毯《鹰猎》（局部），约 15 世纪 30 ~ 40 年代。织毯。维多利亚和阿尔伯蒂博物馆，伦敦。

无论题材和风格如何，意大利宫殿和城堡内的行猎壁画都模仿了北方织毯和细密画的场景。

图22　佩萨罗瓷器工厂，地砖，约1492～1494年。铅釉陶砖，24cm×24cm。维多利亚和阿尔伯蒂博物馆，伦敦。

织毯是家居装饰的极品，通常作为宽敞的大厅和宴会厅摆饰。织毯中若混有昂贵的金、银、丝线，不但能更加吸引人，同时也可增加投资价值。织毯可以挡风、自由移动，在特殊的场合下，可以搬到外面，也可以在别的房间和其他宅邸自由搬动（图20）。丝边织物和昂贵的布料有时也用来围墙一周。很多壁画逼真地摹仿了北方织毯的内容和装饰风格，创造出一种温暖而绚烂的感觉（图21）。最近在雇佣兵队长柯雷欧尼（Bartolomeo Colleoni）位于贝加莫（Bergamo）的城堡内所发现的一些以狩猎为题的壁画，有的在边缘画上金属挂钩和流苏，有的甚至模仿织毯的外观，以颜料模仿织毯的质地和图案，这样做的好处是可以降低成本。例如，波尔索·德·以斯帖公爵（Borso d'Este）以9000达克特金币购置了一组豪华的佛兰德斯织毯，而斯克法诺亚宫（Schifanpia palace）里一系列巨幅的壁画却只花了800达克特金币。不过因为当时房间的用途不断在变更，这往往会使里面固定的壁画受到损害。曼托瓦宫殿内的一间大厅便是其中一例。这个大厅内有一系列由毕萨内罗所作的以骑士为题的壁画，在大厅改装成临时厨房供侯爵的侄子尼可洛·德·以斯帖（Niccolò d'Este）使用时严重受损。

实际上，非宗教的房间和私人礼拜堂可以用于陈列王侯夫妇的个人像章、盾形徽章，或附之以记载王侯的功勋与头衔的铭文。那不勒斯国王阿方索一世为新堡订做了20万片西班牙－摩尔式（Spanish-Moorish）瓷砖，以陈列其盾形徽章和其他东西。弗朗西斯科·贡扎加的妻子伊莎贝拉的画室内贴有印着贡扎加家族徽章的意大利花饰陶砖（图22）。她的“洞穴房”（*grotta*，洞穴般的小房间，里头放置她的古董收藏）的顶棚则装饰着她最喜欢的音乐作品和座右铭。某件作品上面出现某君王的徽章，并不一定意味着该作品就是由他或她所订购的。有时君王为了向宠臣施惠，也会允许他们在订购的作品上使用他的徽章。送礼时，为了表示对受礼者的尊敬或忠诚，往往也会将受礼者的徽章或纹样印在礼品上。

肖像画在宫廷中扮演着特殊的角色。它们经常被当作外交礼品赠送，以保障统治家族在政坛上的高贵形象，有时也用来维系亲戚、朋友或同盟者之间的良好关系，同时也可以用来为个人祈祷幸福健康。在此一时期，联姻

图 23 弗朗西斯科 · 劳拉纳，《阿拉贡的埃丽奥娜拉胸像》（?），1484 ~ 1491 年（?）。大理石，高 43cm。西西里国立画廊，巴勒莫。

这件精巧的胸像线条简洁纯净，艾斐斯肯家族人物模式化特征明显，可能是阿拉贡的埃丽奥娜拉（1405 年去世）的肖像，她是西西里的王妃、夏卡领主之妻。胸像可能是由其丈夫的后继者在 15 世纪末某一时期委托创作的，并安置在夏卡新堡，直到这个家族灭亡为止。后来它被置于埃丽奥娜拉终生敬奉的西西里波斯科圣母马利亚修道院的墓地。

图24　弗朗西斯科·罗瑟里，斯特罗兹图版，费南特一世在1465年7月埃斯亚之战后于那不勒斯海湾，1472～1473年。板面蛋彩画，82cm×240cm。卡波蒂蒙特博物馆，那不勒斯。

这幅囊括那不勒斯远近的图景主要集中描绘了令人生畏的新堡和圣文森特楼（防波堤左边）。艺术家的刻画精确细致，我们甚至能清楚区分建造金楼所使用的石灰花石——这使金楼具有了金黄色的外表——和建造其他楼所使用的灰色粗面石。

是巩固政治、军事同盟关系或锻造新的联盟关系的最重要、最有效的手段，宫廷画师担负着重要责任：他经常被遣往拟嫁出女子的宫廷为待字闺中的新娘人选作“写生”肖像，以供男方参考。弗朗西斯科·劳拉那（Francesco Laurana）曾为阿拉贡的王妃们创作过几尊雕像，大小如真人一般，这些雕像有的是在庆贺他们的订婚之喜，有的是在悼念他们的亡故，有的是纪念改朝换代（图23）。王侯和王妃们喜欢生活在自己的肖像画和自己的宠物如狗、马等的肖像像画中间。瓦萨里（Giorigio Vasari）在《艺术家列传》（*Lives of the Arists*,1550年初版，1568年修订）中这样记载：土耳其帝国国王（Ottoman Emperor）邀请曼托瓦的宫廷画师邦西诺里（Francesco Bonsignori）为他的爱犬作一幅肖像送给弗朗西斯科·贡扎加，这幅肖像画得如此栩栩如生，以致贡扎加的狗看到之后竟立刻扑向画面，这大概也是出于厌恶土耳其的天性！群体肖像画，包括侏儒和顾问在内，则是用来加强宫廷内部等级森严的阶层制度。

对肖像画家的期望包括既要做到忠实于本人实际面貌，又要刻画出画中人物的地位与高贵气质。神圣罗马帝国的皇帝马克西米连一世（Maximilian I）对由米兰宫廷画师安布罗基奥·达·普瑞迪斯（Ambrogio da Predis）所作的肖像画的大部分不太满意，曾抱怨道："一个只会画大鼻子的画家，也敢跑到这儿来为我效劳！"肖像画家举止必须一如贵族般优雅，因为他们成天与被画像的贵族为伍。艺术家巴达萨利·德·以斯帖（Baldassare d'Este）自称是波尔索公爵的兄弟之一，这使他在费拉拉宫廷享有了一定的特权。波尔索曾向米兰的加列阿佐·马利亚·史佛尔扎推荐巴达萨利，说他"是一位合适而受人尊敬的画家，他的画艺精纯"。后来，在波尔索死后，加列阿佐·马利亚·史佛尔扎得到了一幅巴达萨利为公爵所作的全身像，加列阿佐·马利亚把画中的波尔索作为模仿的对象："我一直努力模仿他的服饰。身为君王，他的穿着的确十分得体……"

受到君王重视的其他类型的绘画采用的都是当时流行的题材。整个 15 世纪都有人订购并收藏以国家和城市为

题材的画，根据瓦萨里的说法，“这是一种模仿佛兰德斯绘画的崭新题材”。在筹建一个以城市为主题的陈列室的时候(15 世纪末)，弗朗西斯科 · 贡扎加对购买雅各伯 · 贝里尼（Jacopo Bellini）的一幅描绘威尼斯城的绘画作品表现出了浓厚的兴趣，他还委托简提尼 · 贝里尼（Gentile Bellini）创作一幅表现热那亚城的绘画，此外还请求乔凡尼 · 贝里尼为他画巴黎城。乔凡尼因为从没见过巴黎而婉拒了这项邀请，但是公爵还是邀请他随便去画。阿拉贡的埃丽奥娜拉还曾订购一幅手绘的那不勒斯（她的出生地）地图作为礼物送给她女儿。为纪念那不勒斯国王费南特一世（Ferrante I）船队凯旋而创作的素有斯特罗兹图版（Tavola Strozzi，图 24）之称的画作是现存此类手绘地图最好的典范。这是急于与那不勒斯国王加强获利颇丰的生意往来的佛罗伦萨富裕银行家菲利波 · 斯特罗兹（Filippo Strozzi）订购并赠送给费南特一世的礼物。

壁画装饰必须严格按照预算框架进行。波尔索 · 德 · 以斯帖曾经以平方英尺为单位来计算装饰斯克法诺亚宫（Palazzo Schifanoia）内“月厅”（Room of the Months）壁画的工钱，加列阿佐 · 马利亚 · 史佛尔扎的顾问则根据材料、工作量，以及画中描绘人物的多少来计价。阿尔伯蒂曾建议画家尽量作大幅画，而少作小型作品，这不仅是出于作家风格的考虑，更因为大幅画可赚取较高的酬劳，赞助者的知名度也可以因此提高。不过，这还必须由比较喜欢携带方便的小型艺术品的贵族们的品位来决定，因为小型艺术品可以更加方便地表达拥有者的想法，同时还可以当成货币使用。雕刻作品，像刻有浮雕的硬石、镶金的雕刻宝石、小雕像，以及铸造的纪念章都很受欢迎，可以当作投资，也可以用来抵押贷款。古典风格的肖像纪念章被视作奇珍异宝，由宫廷负责铸造发行，希望使纪念章上面的人物声名远扬，甚至永远流传。里米尼的君王西吉斯蒙多 · 马拉特斯塔下令将他本人和情妇的肖像纪念章嵌入几栋建筑内——到目前为止已发现 240 多枚（图 25，图 26）。阿拉贡的阿方索和加列阿佐 · 马利亚还对圣人的遗骨充满极大的热情——不仅因为它们是信仰和宗教仪式的焦点，也因为用金银珠宝制成的遗

图 25 马蒂欧 · 帕斯蒂，西吉斯蒙多 · 马拉特斯塔像章（正面），约1450～1451年。青铜，直径8cm。市立博物馆，里米尼。

骨遗物箱非常“壮丽”。

衡量技艺的高低，不仅要考虑处理贵重材料的技巧，也要考虑到艺术家的个人风格、声望、组织才能、创作版画和壁画的速度、勤勉程度，以及越来越受到重视的艺术家的想像创造力。当米兰公爵鲁多维克·史佛尔扎计划雇请佛罗伦萨周边最优秀的画家为他作画时，他要求大使呈上一份详细介绍当时几位首屈一指的画家并附有个人风格评介的资料。被推荐到他面前的四位画家波提切利（Sandro Botticelli）、佩鲁吉诺（Pietro Perugino）、吉尔兰岱欧（Domenico Ghirlandaio）以及菲利比诺·利比（Filippino Lippi）共有的一个特点就是曾为洛伦佐·德·美第奇（Lorenzo de'Medici）的乡村别墅作过壁画，其中还有三人曾为教皇西斯笃四世在罗马的西斯廷礼拜堂绘制壁画。鲁多维克积极主动的作风与他的哥哥加列阿佐·马利亚的风格形成鲜明对比：加列阿佐·马利亚习惯于竞争投标，综合考虑画家经验、能力以及他本人提出的以最便宜的价格和尽可能最快的速度完成的要求。此外，在加列阿佐·马利亚所统辖的米兰，画家常常是团体作战，画家将个人特色融入集体之中的能力也受到更多重视。

图 26 马蒂欧·帕斯蒂，埃索塔·德·阿迪纪念章（正面），1453年。青铜，直径 8.2cm。市立博物馆，里米尼。

约在 1456 年，西吉斯蒙多娶里米尼商人之女埃索塔为妻，但纪念章上的日期是 1446 年：就在这一年，埃索塔成为了他的情妇，三年后，他的第二任妻子过世。关于这位远近闻名的美女的纪念章很多，连一般的市民都持有不少，而塞尼加利亚的圣乔凡尼的塔楼底层更是塞满了这种纪念章，因而为其赢得了“埃索塔楼”之名。

在 1495 年献给乌尔比诺公爵圭多巴多·达·蒙特菲尔特罗（Guidobaldo da Montefeltro）的编年史中，宫廷画师珊提（Giovanni Santi）根据当时在宫廷圈子内受到高度重视的技巧范畴，特别表扬了贡扎加的宫廷画师安德里亚·曼特纳。在这套评价体系中，最重要的是“素描的能力”，“这是绘画扎实的根基”；其次为“创新力”，它能够滋生真、善、美。对于设计师来说，这两者至关重要，因为好的设计底稿是一个艺术家在宫廷能否成功的关键。再其次，珊提列出了“勤奋”，这是熟练掌握种种高超技法，如用色（珊提在此提到佛兰德斯画家艾克和魏登的油画技法）、前缩法（foreshortening）、透视法等所必须有的精神。艺术家还必须通晓算术和几何（建筑的基础），善于捕捉人物的动感和立体感（雕刻的范围）。这些技能之所以受到重视，是因为熟练运用它们足以“瞒过眼睛”，让人们误以为画面出自天然而非艺术加工。

宫廷艺术家

早期的艺术家传记已为宫廷艺术家职业作出了极具浪漫色彩的读解：那不勒斯国王罗伯特（Robert）在乔托（Giotto di Bondone）绘制以名人为主题的宫廷系列壁画时，允许他将自己和名人的画像放在一起；西班牙皇帝查理五世(Charles V)在提香(Titian)的画笔掉落地上时，亲切地为他捡拾；在晚年服侍过的法国国王法兰西斯一世（Francis I）怀中，达·芬奇咽下了最后一口气……但是事实是，我们所讨论的文艺复兴时期的宫廷艺术家，绝大多数都是默默无闻。宫廷阶层划分最为严格的场合是用膳的时候，这时宫廷艺术家和裁缝、鞋匠、乐师、室内装潢师、理发师以及其他工薪职员同桌进餐。

不过，宫廷艺术家在宫廷内部确实也有地位提升的机会。家臣（familiaris）这个头衔通常只颁赠给王侯夫妇家庭内部成员。但在宫内供职的画家，有时候也会得到这个特权家庭的荣耀，雕刻家和建筑师则获得其他各种不同的报酬和奖励。在获得家臣头衔的画家中，有那不勒斯的宫廷画师大师杰科马特（Master Jacomart，约 1413 ~ 1461 年）、莱昂纳多·达·贝索佐（Leonardo da Besszzo）以及曼托瓦的宫廷画师毕萨内罗、曼特纳（图 27）、安提可（Antico）等人。杰出的布雷西亚（Brescia）艺术家维琴佐·佛帕（Vincenzo Foppa）是米兰宫廷中很少几个获得家臣头衔的画师之一，尽管他不并不仅为米兰公爵一个人效劳。对于佛帕而言，这个头衔让他获得了在米兰境内居住、工作、自由迁徙的特权，并得到了公国第二大城市帕维亚（Pavia）的市民权，佛帕在这里定居了十二年之久。

在宫廷工作会得到一些实际的好处，虽然对永远在宫廷占有一席之地的渴求要以自由极度受限为代价。宫廷画家会因自己的服务而得到一笔额定的报酬——理论上如此，但不一定完全符合实际。这笔费用包括了画家及其家人的生活费用、差旅开支以及住房费用。艺术家通常被安排住在宫内，只有那些最有名望或长期在宫廷服务的画家才有机会得到一栋房子，或者得到一笔资金自建房屋。曼特纳和朱里奥·罗马诺（Giulio Romano，约 1499 ~ 1546 年）就在曼托瓦建造了自己的宅第（图 28）。除了物质享受和安全保障外，有些艺术家甚至还会得到一些“非常开心的日用品”，如花园和葡萄园。艺术家有时还可以得到置装费，领到赠给的制服，这样艺术家们就可以穿着更加得体、更加合乎宫廷的身份。君王还可能为画家的女儿置办嫁妆，或者当画家及其家人生病时，为他们支付医药费。作为家臣，艺术家还可以免交税收。

作为回报，艺术家应该尽其所能，按照王侯的要求为其提供服务。薪金是用来奖赏艺术家的才华，同时也是鼓励他努力笔耕的方式。发多少薪金并没有固定的标准，全凭王侯的意愿行事，很多情况下由宫廷财务官掌控。如毕萨内罗在那不勒斯宫廷的年收入高达 400 达克特金币，而图拉（Cosimo Tura，约 1430 ~ 1495 年）在费拉拉宫廷一年的薪金却只有 60 达克特。根据文献记录，一旦宫廷缩减开销，艺术家们就会大受其累，度过一段紧巴巴的日子。王侯奢华的生活或雇佣军租金没有按时收到，都会导致现金周转困难。当时一个观察家一语双关地将宫廷定义为事事“短缺”之处（意大利文“宫廷”*corte* 和“短缺”*corto* 发音相近）。

然而，在贵族圈内有这样一种看法，认为才能是无法用金钱买到的，因为这是上帝赐予的天赋。艺术家的薪金

图 27 安德里亚·曼特纳，自画像，彩绘室西墙假柱上为叶形装饰所遮掩。壁画，公爵宫殿，曼托瓦，1465 ~ 1474 年。

图 28 安德里亚 · 曼特纳住宅中庭，曼托瓦，1483 年。

是用于生活和工作的，并非为他的艺术创作而支付的酬劳。1449 年，里米尼的西吉斯蒙多 · 马拉特斯塔向一位同意进宫为他服务的佛罗伦萨艺术家承诺，“一笔年薪，数量不管多高都可以。我同时答应将好好待他，让他愿意在此生活。即使他的创作只是为了他自己的兴趣爱好，我也会如期支付他的各项津贴”。艺术家是自由的，只要得到资助者同意，便可接受来自宫外的订单；在经济情况不景气的情况下，有些艺术家必须这么做。因此，不同的制度决定了一件完成作品所获得的酬劳的多少。以曼特纳为例，他曾获得一块地的回报，因为他创作了一幅才气横溢的“小画”。

艺术家的才华可以为其获得贵族身份，少数画家、雕刻家和建筑师还曾获得过骑士爵位。骑士爵位可以用金钱买到，神圣罗马帝国皇帝腓特烈三世（Frederick III）便利用王侯和朝臣的野心来做点生意。这样的荣誉颁发给艺术家是为了奖赏和奖励，但对改善他们的生活没有任何实际意义。阿瑞提诺(Pietro Aretino)的剧作《马夫长》(Il Marescalco，1533 年）中的主人公讽刺说："这个头衔非常适合那些富得流油而只想要一点名声的人……没有个人收入的骑士却好比一块任何人都可以在上面小便的秃墙。"将骑士爵位颁发给艺术家的主要原因，大概是要方便他们进行宫廷外交。瓦萨里曾说，曼特纳的骑士爵位是弗朗西斯科·贡扎加为他买来的，主要是为了让他在 1448 年出使罗马时更为胜任。这对于那些海外游艺的艺术家来说尤为重要，外国宫廷不但会热忱款待这些拥有骑士爵位的艺术家，甚至还会授予他们其他爵位。

艺术家对待被册封为贵族的机会还是非常认真的，他们的言谈举止也越来越绅士了。宫廷中的人文学者开始将绘画、雕刻、建筑和自由艺术联系在一起——之所以称为自由，是因为只有自由人（相对于奴隶的荣誉市民）和贵族可以从事这类活动。艺术家越来越重视以智力(*ingegno*)和创造力（*invenzione*）驾驭技巧的重要性。绘画开始融入到修辞学、诗、历史、哲学中，并与算术、几何这两门基础科学紧密结合在一起。艺术家靠他的双手工作这个事实因为一些冠冕堂皇的理由而显得光明正大：他是为荣耀而非个人利益工作，他是靠他的才华为赞助者工作并且从中获得快乐。因此，尽管艺术家必须为自己谋取私利而服务于他人，但从宫廷的角度来说，艺术家可以按照自己的想法，用自己的才能为自己和王侯提高名声。

建筑师最先摆脱了"手工"劳动的标签。1428 年，锡耶纳主教堂的行政长官要求雕刻家奎西亚（Jacopo della Quercia）调查一下建筑师锡耶纳的乔凡尼（Giovanni da Siena）的背景。奎西亚向行政长官汇报说，乔凡尼"效力于费拉拉侯爵，目前正筹划在城内建造一座巨大而坚固的城堡，年收入 300 达克特金币，仅仅需要 8 个金币的费用，这是我确信无疑的……他不是一个只会使用工具的工匠，而是一位策划设计的大师"。在宫廷，建筑师经常一身兼艺术总监、军事工程师、土木工程师等多个职务，负责监督碉堡、教堂、宫殿、街道、运河的建造。他统管着数百位工匠，包括按照自己的规划或宫廷画师的设计来负责室内布置的工匠。令人惊讶的是，宫廷建筑师艺匠们兼工程师这个重要的职务并不要求艺术家们接受专业训练。他们往往是先学石工与雕刻的技巧［如伦巴第的雕刻师阿马迪欧（Giovanni Antonio Amadeo）]，或学习绘画与描绘画稿[如伯拉孟特(Donato Bramante,约1444～1514年)]。

以青铜和大理石为材料制成的大型雕像价格昂贵，受到的评价也很高（青铜像的价钱是大理石雕像的十倍），然而雕刻师无法享有建筑师崇高的地位和宫廷画师所拥有的各种待遇。不过也有例外。如罗马诺（Ginacristoforo Romano）是一位能干的朝臣；另外还有马佐尼（Guido Mazzoni，1445～1518年），根据法国国王的描述，除了雕刻，他还擅长绘画以及为手抄本添画彩绘插图，这些都是较为突出的例子。雕刻师的地位不高，多少应归因于他们工作本身又吵又脏又耗费体力的特点，这也使他们无法在宫廷里居住。许多雕刻师或金匠上乘的作品（金、银、青铜制品）被送进熔炉惨遭销毁，只是由于国库一声令下。由于雕刻师的很多作品都是预定放在公共场所的，因此他们面对赞助者的一些要求时都表现得非常小心谨慎。葬仪纪念像和骑马英雄纪念像关系到真人容貌以及衣饰的细节，因而受到严格的审查。纪念像些微的差错就可能意味着不但不能使纪念的人声名远播、永垂不朽，而且还会成为大众嘲讽的笑柄。佛罗伦萨雕刻师和金匠洛伦佐·吉伯

图29 鲁宾内托·德·弗朗西科，《哀悼》（以科西莫·图拉草图为蓝本），1474～1475年。羊毛、丝线、金线和银线，97cm×200cm。泰森·博内米察收藏室，卢加洛。

图拉的《哀悼》（受魏登影响）中绘有年轻的费拉拉的埃尔科利·以斯帖及其新娘阿拉贡的埃丽奥娜拉，极具戏剧性。图拉的绘画内容被鲁宾内托·弗朗西科采纳，织入了一幅壁毯，并放在了一个含义丰富的珍贵画框。埃尔科利把它作为祭坛挂帘，高度赞扬了其中珍贵丝线的运用和人物形象刻画。这幅由费拉拉宫廷北方织毯匠完成的复制品，可能是用来作为宗教或外交赠礼。

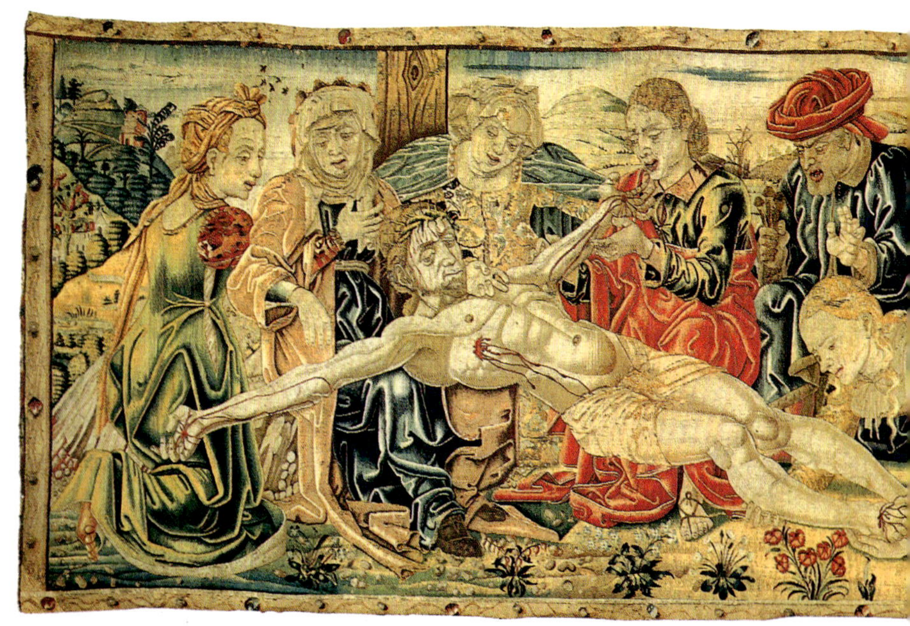

迪（Lorenzo Ghiberti）谈到，当他为佩扎罗的领主马拉特斯塔工作时，“脑海中充满了绘画画面……因为我的同伴老在唠叨说我从绘画中所能得到的荣耀和好处”。

宫廷画师同时身兼室内设计师的职务，他们为顾客指定中介描绘草图或设计构图。工作时可以任意使唤配给他的一组工匠，材料随意使用。拿波尔索·德·以斯贴的宫廷艺术家图拉来说，他的工作包括：为以斯帖家族的宫殿绘制壁画，为以斯帖家族的贝勒费瑞（Belfiore）以及贝勒瓜多（Belriguardo）别墅制作镶板（上面饰有缪斯女神象）和雕饰；用绘画装饰费拉拉主教堂的风琴盖；设计佛兰德斯风格的织毯（图 29）并编织坐垫；为金匠、银匠制作模型。为了大众娱乐和国家庆典，画家忙个不停，设计各种物品，包括锦旗徽章、庆典服装、马匹的服饰、面具、用于庆典仪式的拱门、马上长矛比赛的道具、糖果蜜饯，以及各式各样的临时装饰。瓦萨里将瓦加（Perino del Vaga）在教廷的工作情形描绘得栩栩如生：“他不分白天黑夜地描绘底稿，就是为了赶上宫殿的工作进度……他的身边老是围绕着一大群雕刻师、木雕工、裁缝师、织毯织工、画家、金匠等，所以他一刻也不得安宁。”

宫廷利用外交渠道来获悉艺术家在其他宫廷的作品和活动情况，和他们谈判，有时还用进宫服务并在此永远居住的条件来诱惑他们。大使和使节也会为“圈外人”监督所委托的艺术品，并协助将成品运往目的地（这类作品通常是用尼龙帆布包装）。不久，商场上的经纪人开始充当起中介的角色，拥有丰富商业网络渠道的商人们明白，这个行业将给他们带来可观的利润。瓦萨里曾经提到，一位商人以 100 达克特金币的价格购买了达·芬奇的一幅画，然后以三倍于此的价钱卖给了米兰公爵。而宫廷内的经纪人和人文学顾问则较难取得买卖双方的信任。

一旦进宫，艺术家就一定要顺应其他宫廷和城市的艺术潮流。很早以前，宫廷就开始赞助他们到国外旅行或追随著名的大师学艺以提高他们的技艺，同时，用费德里克·贡扎加二世（Federico II Gonzaga）的话说，借此“达到我们理想中的完美境界”。 君王尤其希望能和欧洲北部宫廷艺术风格保持一致。例如，布加托（Zanetto Bugatto）在 15 世纪 60 年代初接受米兰公爵夫人的赞助，前往布鲁塞尔（Brussels）向魏登（Roger van der

Weyden）学习油画技法。意大利艺术家在海外也颇受欢迎，像莱昂纳多·达·芬奇、提香、马佐尼（Guido Mazzoni）等三位在意大利宫廷颇有成就的艺术家，就吸引了他国国王或皇帝的注意。

宫廷如何对待艺术家，取决于艺术家和王侯的个性。如非常博学多才的曼特纳在宫中不只是一名画师，还是朝臣和王室的近侍，他之所以受到器重是因为他具备鉴赏古典艺术的能力。枢机主教弗朗西斯科·贡扎加曾乞求他的父亲鲁多维克侯爵准许曼特纳和乐师马吉斯（Malgise）前来博洛尼亚陪他几天，以缓解他烦躁的情绪："曼特纳要是和我在一起，我就可以向他展示我所收藏的贝壳浮雕、青铜像，以及其他美丽的古董，还可以和他一起研究这些收藏品，从中可以获得不少乐趣。"当曼托瓦侯爵弗朗西斯科·贡扎加请曼特纳为米兰的公爵夫人作一幅小画时，曼特纳拒绝了，因为他觉得这更像是细密画家的分内之事；侯爵倒没以此为怪，因为他觉得"这些备受器重的大师的脑子里装满了奇特的想法，我们最好还是识相地放下想要做的东西"。如果艺术家缺乏社交能力，或者不肯结交益友，其后果很可能就像在博洛尼亚工作的雕刻家尼可洛·戴尔·阿尔卡（Niccolò dell'Arca）一样。根据多明我教派（Dominican）修士为他所作的讣闻的描述，阿尔卡晚年凄惨死去："他为人古怪，举止粗俗，致使人人都离他远远的：他的一生在贫穷中度过，头脑反映迟钝，不肯听从朋友的劝告。"

虽然艺术家可以通过为宫廷服务而变得富有，获得一定的社会地位，甚至会声名远扬（许多优秀的佛罗伦萨艺术家在家乡都没有什么名气，自从到宫廷服务后就开始声名大噪），但一旦接受了为宫廷服务一生的条件也会留有遗憾。其中最大的遗憾就是失去个人的自由——尽管一些古怪的行为可以被纵容，也就是无法掌控自己的命运或机遇。宫廷艺术家的职业生涯往往掌握在某一个人手中。曼特纳曾向鲁多维·贡扎加埋怨到："除了阁下您，再也没有其他方式能使我闻名天下，带给我任何希望。"由于艺术家的作品与赞助者完全是一致的，人们往往认为艺术家会和赞助者持有相同的政治理念，而有时一些艺术家也会因叛变或渎职而被起诉（甚至送命）。一旦君主去世、遭到羞辱或听信谗言，艺术家的职业生涯就可能被终结。甚

图 30 封面插图，《加列阿佐·马利亚·史佛尔扎公爵挽歌》。公爵于 1476 年圣诞遇刺。木刻版画。市立历史档案局，米兰。

至君主们一个主意的改变，或一时的兴起，都可以粉碎艺术家的希望，或让他们眼睁睁地看着自己的作品被毁。

在《评论集》(*Commentarii*，约 1447～1455 年）中，洛伦佐·吉伯迪劝告艺术家只能依靠上帝，因为他是天地惟一的主宰；要依靠自己的才华，而不要成为财富的奴隶。他引用德国雕刻家顾思明 (Gusmin) 的故事，说他“忙着满足王侯的各项要求，一身的绝技就这样被毁掉了”。在一段语气类乎圣经的文字中，吉伯迪表明了他激烈的反宫廷立场：

> 学识渊博、对所有事物都精通的人，即使流浪异乡，满眼陌生，难觅知音，也不会孤单彷徨。宁可四海为家，勇敢迎接坎坷命运的挑战，也绝不让自己囚禁在碉堡中，任凭肉体老朽腐化。

在画家、建筑师和雕刻家得到宫廷帮助摆脱工匠身份、不断实现自由的时候，依附宫廷的艺术家获益不少。就这一点来说，艺术家很像一个雄心勃勃的小宫廷的王侯兼雇佣军队长：他们在自己的小天地里称王侯 [如拉斐尔 (Raphael，约 1483～1520 年）就经常受到一些不知名的艺术家的拥戴]，但同时又得服从那些更有权势的人。“出卖自己”可为他们赢得一些名望并获得一定的经济独立地位。艺术家可以让自己的地位高到让宫廷觉得无人可以替代的地步。而一旦王侯认同了双方这种相互依存的关系，那么宫廷极有可能将为艺术家社会地位和创造力的发挥制定新的规则。

第二章

虔诚与宣传：阿拉贡国王阿方索统治下的那不勒斯

15世纪40年代中叶，阿拉贡国王阿方索受邀出面仲裁一场发生在当时著名的人文学者之间的严重争执：争执的一方是国王的秘书洛伦佐·瓦拉（Lorenzo Valla），另一方则是国王在西西里的宠臣帕诺米塔（Antonio Panormita）。据后来瓦拉对事件的记述，国王的参赞卡拉夫（Giovanni Carafa）邀请他为卡布阿诺堡（Castel Capuano）的绘画装饰题诗，这是一幅绘有由象征美德的四个人像环绕的、全副武装骑在马上、英姿勃发的国王肖像的卷轴。当倒霉的画家正准备将瓦拉的诗句题在卷轴上时——当时还有很多人蜂拥而至，仰头准备拜读——帕诺米塔出现了，这“令画家开始忐忑不安起来：怎么可以在他如此庄重的画上题上如此‘粗俗’（帕诺米塔语）的诗句呢？更何况这是特别选定让画家宣示自己的荣耀和歌颂国王功业的地方。帕诺米塔让画家等待一两天，到时候他会作出真正适合卡拉夫的门第、卡布阿诺堡以及国王肖像的诗”。一个多星期过后，帕诺米塔创作好了诗，瓦拉则完成了自己作品的润色，两个人周围都聚集了一批拥趸。最后，卡拉夫把这两位人文学者带到了阿方索国王面前。这位外交能力颇受历史学家赞赏的国王认为，“两首诗都很好”，结果两首诗都没有题在卷轴上，留下象征谨慎、公义、慈悲宽大、节制坚毅这几种美德的人像在那里自言自语。

图31 毕萨内罗，拱门装饰草图，日期不明。褐色墨水笔打底，黑色炭笔和褐色刷笔上色，31.1cm×16.2cm。博门斯美术馆，鹿特丹。

这个插曲让我们知道艺术在宫廷中所扮演的角色十分复杂。首先，这项装饰的设计是由一名中间人安排的——一名位高权重，急于光耀门楣同时又让国王对整个计划感到满意的朝臣。选择的地点是那不勒斯城最繁华的地方——卡布阿诺堡，因此将身着戎装的国王画得气宇轩昂，

图 32 安德里亚，佛罗伦萨的马可·迪·诺夫里，拉蒂斯劳国王陵墓纪念像，1428 年（顶部局部）。大理石，高 1800cm。卡波纳拉圣乔瓦尼教堂，那不勒斯。

就是要让那不勒斯民众肃然起敬，同时也与这个地方的盛名相符。显眼的题字或"奉承之词"（瓦拉如此嘲讽帕诺米塔的心血），就是要让臣民们充分明白国王的德行。画家对有关题字的细节不闻不问，而完全交给习惯插手这一类计划的国王人文学秘书瓦拉全权处理：瓦拉曾提到他小心翼翼地安排诗作的结构，以配合画家正确排列人像的顺序。国王在这项计划当中所扮演的角色微不足道，甚至当他应邀担任仲裁时也含糊其辞，不作结论。

卡布阿诺堡的计划揭示了阿方索的宫廷艺术大众化的一面。在阿方索所建造的一座装饰性拱门（图 31），以及出自安如（Anjou）王室的前任那不勒斯女王乔瓦娜二世（Giovanno Ⅱ，1414 ~ 1435 年在位）为纪念她的哥哥拉迪斯劳国王（King Ladislao）而委托建造的一座雄伟的陵墓（图 32）上，我们同样可以发现这一特性。两者共同的特点均为突出国王全副武装威风凛凛地骑在马上的纪念像，均有象征美德的古典风格人像环绕左右。陵墓中的其他人物雕像还有乔瓦娜女王本人、她的哥哥和父母亲，以及耶稣的使徒和圣者——所有这一切之外装饰有瓦拉的诗句。在脉络的延续中，阿方索及其亲信成功地继承了一整套王室宣传的手法：融合骑士风格与古代风格，组合肖像与寓意人像，以及使用具有教化意味的题字。艺术手法的传承也强调了国王在那不勒斯王权的正统性。在阿方索平息了一场反叛乔瓦娜的暴动之后，女王便任命他成为自己王位的继承人；不过女王后来却改变了主意，将王位传给安如王室的法国公爵雷涅（Réne d'Anjou,1409 ~ 1480 年）。雷涅即位之后，阿方索发动了一场战争，用武力夺取了那不勒斯。

1443 年 2 月 26 日，阿方索（1396 ~ 1458 年）在打败雷涅手下的安如王室军队之后，凯旋进入那不勒斯城。在成为意大利的阿拉贡、

西西里，以及西班牙的加泰罗尼亚（Catalonia）、萨丁尼亚（Sradinia）、巴伦西亚（Valencia）、马约卡（Majorca）等地的国王之后，阿方索还经历了一场长达 20 年的残酷战争，此后才真正实现了自己的雄心壮志。这位那不勒斯的新国王(1442 ~ 1458 年间在位）在那不勒斯度过了余生，并将这个位于意大利南方的王国建设成了意大利半岛的商业文化中心和地中海帝国最为耀眼的明珠。随着统治力量的增强，阿方索逐渐将政权的重心从西班牙移到意大利半岛，并希望将那不勒斯与意大利另一个强大的政权米兰联合，进而统治整个意大利。

在那不勒斯这个喧闹不已的商业港口居住或工作的各族人们均派代表参加了阿方索十分壮观的凯旋游行。教士团作为先遣，佛罗伦萨分遣军团紧跟其后——他们的彩车上面有几个不同形象的演员，其中一位打扮成古罗马的恺撒大帝（Julius Caesar,这是惟一一个以古装出现的队伍）。随后是加泰罗尼亚军团,后面有阿方索的彩车,上面放着“传奇阿瑟王的危险之椅”（Arthurian Siege Perilous），并有象征公义、坚毅、谨慎、信心、仁慈等美德的人物围绕左右（这些寓意人物不断把钱币抛向人群）。“传奇阿瑟王的危险之椅”是阿方索最喜欢的东西之一：惟有善良、高尚、骁勇善战的骑士坐在圆桌（Round Table）旁边的座位上才不会被炽热的火焰灼伤，正如同惟有圣洁的加拉哈爵士（Sir Galahad，阿瑟王传奇的一名圆桌武士）才能够找到圣杯。阿方索将这辆凯旋彩车扎成一座碉堡,小小的“危险之椅”在他的宝座跟前起火燃烧。阿方索则以绚烂夺目的姿态出现在花车上，身着红色黄金锦缎，头戴百合骑士头（Order of the Lily）领饰（垂挂着半狮半鹰像的金黄色坠子），手持象征王权的笏和宝球。尾随国王之后的就是军事将领、外国使节、男爵、骑士、助教以及人文学者（包括瓦拉和帕诺米塔在内）等宫廷重要人物。阿方索的车队行进到主教堂前，这里正在建筑一座凯旋门（这座凯旋门在十年后被迁往阿方索重要的城堡——新堡并成为其城门）。

阿方索也把原来在西班牙本土为他服务的宫廷画师和建筑师一起带到了那不勒斯，他在那不勒斯的第一个委托就给了巴伦西亚画家杰科马特：早在 1440 年 10 月，国王还在那不勒斯城外安营扎寨时，杰科马特就应召来到了意大利。杰科马特的父亲是国王的御用裁缝，而他本人原来

图33 死神的胜利大师,《死神的胜利》,1441 ~ 1446年。布面画,原为壁画,590cm×640cm。地方画廊,巴勒莫。

这幅画的主要内容是死神,表现了各个社会阶层的人物:穷人位于左边,国王、教皇和宗教领袖人物匍匐在中间死神的马蹄下,穿着勃艮第最新服装的贵族和朝臣则位于右边。画家在最左边还画上了手持画具和腕木的人物,可能代表自己和助手。

是在巴伦西亚接受宗教艺术的委托；阿方索的军队第三次围攻那不勒斯时，1442 年 6 月，杰科马特也来到了这里。成功征服那不勒斯之后不久，为了纪念自己及军队在城外曾经驻扎过的维克营（Campo Vecchio），阿方索在这里建立了一个古典风格的礼拜堂，并委托杰科马特画了一幅祭坛画。阿方索曾在这里见过灵异事件：圣母马利亚出现在他的梦中，提醒他可以从一处古代的下水道秘密潜入那不勒斯城内。杰科马特的祭坛画便以这个事件为基础，画中圣母神态威严但又不失慈祥地出现在国王面前。被国王誉为"我们忠实可靠的宫廷画家"的杰科马特在卡布阿诺堡亲自将作品献给了阿方索。这是国王最为重视的作品之一：每年在纪念阿方索攻进那不勒斯的游行中，它都会被游行人群高高举起。这副祭坛画与礼拜堂一起，在 16 世纪被摧毁了；倘若幸存，它将为我们生动地展现阿方索融通宗教信仰和军国主义的西班牙风情。

不幸的是，阿方索委托制作的大部分油画和壁画要么已经流失，要么就遭到损毁，这也就是为什么研究文艺复兴时期的学者常常会忽略那不勒斯地区的原因。第二次世界大战末期，国家档案局被夷为废墟，大部分有关艺术委托和买卖的文件荡然无存。从现存的档案材料中，我们可以了解到加泰罗尼亚雕刻师兼建筑师圭勒姆 · 萨格瑞拉于 1447 年抵达那不勒斯，应召开始重建新堡。到 1449 年，曾为前安如王室工作过的莱昂纳多 · 莫里纳尼 · 达 · 贝索佐（Leonardo Molinar da Besozzo）成为了阿方索的首席宫廷画师，并一直为国王效力到 1458 年。他为国王的宫殿和教堂绘制壁画，为国王的宪章和图书绘制插图，同时也为国王装饰盔甲。此外，莱昂纳多还是为庆祝阿方索孙子诞生的宴会精心制作 920 面军旗和锦旗的三画匠之一。另一位重要的艺术家佩瑞内托 · 达 · 贝内文多（Perinetto da Benevento）接受的委托也不少，其中包括一系列反映圣母七件乐事（Senven Joys of the Virgin）的壁画。莱昂纳多和佩瑞内托的风格都继承了乔托和卡瓦里尼（Pietro Cavallini，他 14 世纪在那不勒斯所作的作品使这个城市闻名遐迩）雄伟壮观的传统。

幸运的是，有一件阿方索所赞助的杰出作品被保存了下来：位于西西里的斯拉法尼宫的壁画《死神的胜利》（*The Trumph of Death*，图 33）。在阿方索的授权

图 34　科雷斯比家族，《阿方索国王和朝臣参加弥撒》，出自《阿方索一世祈祷书》，1442 年完成。大英博物馆，伦敦。

下，原本破旧毁损的斯拉法尼宫经过重建后被改建成一座医院，医院里面，宽阔的中庭南墙上就挂着这幅令人毛骨悚然的壁画。这幅画的佚名作者一般被认为是毕萨内罗一派，或者是曾为阿方索的亲密盟友、米兰公爵菲利波·马利亚·维斯康提创作壁画的扎瓦塔利兄弟（Zavattari Brothers）一派画家。最近，有学者认为这是曾在 1483 年为阿方索的图书绘过插图的西西里艺术家加斯皮尔·皮萨洛（Gaspare Pesaro，约 1400 ~ 1461 年）的作品。无论这幅壁画最终的作者是谁，但是，它还是生动地再现了那不勒斯 / 西西里王国艺术的多元文化特色，它融入了法国、锡耶纳、伦巴第、西西里、勃艮第、西班牙等地的艺术风格，这也是当时宫廷流行的优雅的国际哥特典型风格。

而杰科马特的“国际”风格更像是巴伦西亚画派：正统、优雅、匠心独具的华丽装饰。这也非常符合我们在阿方索喜欢的祈祷画像中看到的风格。阿方索希望优雅的宗教艺术具有赏心悦目的装饰，并兼有真实展现自然的细节：绚丽的锦缎、彩绘雕刻装饰、闪闪发光的珠宝，以及优美的写实性人物形象。这些特点也反映在阿方索收藏的宗教装饰上，据彭达诺在《谈壮丽》中记载，阿方索“热情超过了所有同时代的国王，在收藏并展示弥撒所使用的礼器、教士所穿戴的饰品、男女圣者的雕像方面，他拥有了很多，包括十二尊银制的耶稣教徒像”（图 34）。根据目前掌握的资料，我们惟一可以知道的一件杰科马特在意大利为阿方索效力的事情是 1447 年接受阿方索的委托为 20 来面皇家旗帜绘制盾形纹章和徽章。后来当国王带领军队驻扎在提沃利（Tivoli）准备攻打佛罗伦萨的时候，杰科马特应召前往，并在战场上接受委托。再后来，杰科马特可能又回到了巴伦西亚担任阿方索的宫廷画师。

杰科马特的作品也受到当时流行于西班牙并一直备受阿方索推崇的佛兰德斯风格和技法的影响。国王的前一位宫廷艺术家路易斯·达尔玛（Louis Dalmau）在这方面更能代表阿方索的个人艺术品位。1413 年，阿方索以巴伦西亚国王的身份派遣达尔玛和织毯工尤克瑟雷斯（Guillem d'Uxelles）到佛兰德斯学习如何绘制佛兰德斯风格的织毯图案。达尔玛抵达目的地时，正好赶上休伯特·范·艾克（Hubert van Eyck）和简·范·艾克（Jan van Eyck）的根特祭坛画（Ghent Altarpiece）收尾工程，他在公共场合看到了这幅图完成时的全貌，五年之后他返回故乡，其后的作品深深受到佛兰德斯大师的影响。

国王入主意大利之后，对西班牙－佛兰德斯风格作品的喜爱依然不减当年。就在杰科马特被召至意大利绘制祭坛画的同时，他首次买下了一幅简·范·艾克的作品。之前他已经命令巴伦西亚的总执行官梅尔卡德（Berenguer Mercader）帮他找一幅简·范·艾克的作品。国王的心态和 15 世纪末的伊莎贝拉·德·以斯帖（Isabella d'Este）的心态是一样的：题材并不重要，只要是这位大师的作品就可以了。因此，梅尔卡德委托一个巴伦西亚的商人前往佛兰德斯的一个镇子上去寻找。这位商人在布鲁日（Bruges）找到了一幅《圣乔治与龙》（*St.George and the Dragon*），立刻走海运将它送往巴塞罗那（Barcelona），然后再派人于1444 年送到那不勒斯。这幅画目前早已遗失，但是 16 世纪作家萨蒙特（Pietro Summonte）在 1524 年写的一封著名的书信中，对它进行了热情洋溢的描述。通过作家的描述，我们知道画中有获救的公主、远方的城镇、海景等风景，还有一处精彩的细节——善于捕捉细节是简·范·艾克作品的典型特色：圣乔治左腿的盔甲映照出口部被长矛刺中要害的龙的影子。这个内容对阿方索来说特别适合：他在西班牙修建的波布雷特修道院（Monastery of Poblet，建于 1442 年以后）的卡塔罗墓葬礼拜堂（Catalan burial chapel），就是献给这位被选定为那不勒斯战役的守护神圣乔治的。

从 1444 年起就在那不勒斯居住的法吉欧曾著文描述阿方索拥有的另一幅简·范·艾克的杰作，并为我们留下了一批珍贵的资料。作为国王的私人秘书兼史官，法吉欧曾于 1456 年把他的一本小书《名人谈》（*De Viris*

Illustribus）献给阿方索。书中有一章内容就是论画家，谈论到了他所认为的那个时代最优秀的画家。这些画家包括简·范·艾克、魏登、阿拉贡宫廷画师毕萨内罗，以及曾于 1414 ~ 1419 年间在巴伦西亚为潘多弗·马拉特斯塔（Pandolfo Malatesta，为一座礼拜堂作壁画）工作、在罗马朝廷和佛罗伦萨工作过的简提列·达·法布利阿诺（Gentile da Fabriano，1428 年去世）。这四位画家都为朝廷资助者效过力，而且在《名人谈》写作时，其中仍然活着的三位与阿拉贡国王过从甚密。三位都是来自佛罗伦萨的雕塑家还被作者单独挑出来加以表扬（尽管在“为数众多的雕刻家中，鲜有著名的”）。其中备受阿方索推崇的一位是多纳泰罗（Donatello）。从现存的一封 1452 年写给威尼斯总督的书信中，我们可以看出阿方索非常愿意请多纳泰罗效仿祖先拉蒂斯劳（King Ladislao）坟墓，为他的坟墓创作一尊骑马纪念像。

法吉欧断言，“简·范·艾克是我们这个时代公认的画界领军人物”。这个评判结果可能反映了阿方索以及经常在国王定期举办的文艺论坛“读书会”中辩论文学、哲学、神学问题及艺术话题、和国王关系密切的一些人文学者的观点。后来，这个论坛升级为由活跃而机智的帕诺米塔主持的正式学会。在读书会上，学者们应邀提出或者进行激烈的辩论，或旁征博引，或举出古代的例子为自己所持的观点进行辩论，同时不可避免地攻击别人的意见。当驳倒所有人的看法后，再飨之以水果和酒。法吉欧遵循论坛的传统，在书中引用简·范·艾克精通几何学并具有文学修养的事实来证明自己的论断：“由于这个原因，通过博览包括普林尼（Pliny）及其他人的古代著作，他对颜色的特性有着很深入的了解。”法吉欧的人文学者朋友不难看出这段话的原始出处，古罗马学者普林尼就是这样描述亚历山大大帝（Alexander the Great）最喜欢的画家阿培里兹（Apelles）的。

作为第一个例证，法吉欧列举挂在位于新堡的国王私人房间内的一幅杰出的画作，画中的圣杰罗姆（St. Jerome），“在书房内的形象栩栩如生，画家的技法可称罕见：如果你往后退一点，它似乎在向后延伸，而且书面上完整打开的文本也在眼前呈现；如果你走上前去，离它很近，可以很清楚地看到人物的主要特征”。向外的画板上画有罗米里尼（Battista Lomellini）及其“深爱着的女人”的画像，“两人之间是一道光线，人们会误认为那是阳光穿过墙上的缝隙照射下来的”。这幅三联画最初是为热那亚的著名人物罗米里尼所画，他可能在阿方索与热那亚于1444年缔结和约后不久将它卖给了国王。阿方索还有一幅简·范·艾克的作品《东方博士朝拜》（*Adoration fo the Magi*），它是陈列在新堡圣芭芭拉（St.Barbara）礼拜堂内的祭坛画。

图35 魏登，《卸下圣体》，约1435年。板面油画，220cm×260cm。普拉多美术馆，马德里。

局部表现的是抹大拉的马利亚。尼德兰画家作品最值得称道之处不仅在于深刻的情感，同时也有画家的技法。

法吉欧在《名人谈》中还提到另外一名深受宫廷人士喜爱的佛兰德斯艺术家：魏登（图35）。法吉欧在书中讨论了魏登在意大利的作品，包括在热那亚描绘一名女子沐浴的油画（现已遗失），还有在费拉拉的雷奥内罗·德·以斯帖（Leonello d'Este）私人房间里的一幅油画。这是一幅三联画，中间的画板描绘的是“当把耶稣的尸体从十字架上搬下来时，站在一旁的圣母马利亚、抹大拉的马利亚、约瑟潸然泪下，悲痛欲绝，跟真人一模一样”。法吉欧接着写道：“阿方索国王还收藏有魏登所作的几幅织毯图……你可以很容易地看出画中人物丰富的情感和多样化动作之间的差异。”这些用来装饰新堡胜利厅（Sala del Trionfo）的织毯，不但给人来人往的宫廷提供了富丽堂皇的背景，而且还成为了阿方索人人皆知的虔诚信仰的象征。

那不勒斯15世纪初崇尚佛兰德斯艺术的风气是由阿方索的政敌、1438年至1442年间短暂统治那不勒斯的安如的雷涅公爵（René d'Anjou）培养出来的。雷涅本人被誉为成就非凡的艺术家（不过这很可能只是人文学者夸张的说法）。从萨蒙特的书信来看，他曾经研究过佛兰德斯绘画。与法国国王同道的有那不勒斯画家科兰东尼奥（Colantonio），按照某些著作的说法，后者新近经过改良的佛兰德斯油画技法就是经过国王亲自指导培养出来的。科兰东尼奥的《书房内的圣杰罗姆》（*St.Jerome in his Study*，图36）显示他对佛兰德斯的艺术理念非常熟稔，可能与罗米里尼的三联画具有某些相似之处。有些评论家认为这幅画可能是阿方索在1444年左右委托柯兰东尼奥创作的，并认为它受到了简·范·艾克、年轻的法国大画

图 36 科兰东尼奥，《书房内的圣杰罗姆》，圣洛伦佐教堂祭坛画下部，约 1444 ~ 1445 年。板面画，120cm×150cm。卡波迪蒙特博物馆，那不勒斯。

科兰东尼奥绘画几可乱真的戏剧效果表明了他对艾克的幻觉手法非常在行。凌乱无张的书卷，文具的细致刻画，包括放有圣杰罗姆阅读时使用的折叠眼镜的琴式造型的小眼镜盒，不仅显示了画家的高超技法，同时也证明了画家在表现内容时的构造能力。

家让·富盖（Jean Fouquet，他当时可能正好路过那不勒斯），以及宫廷画师杰科马特的影响。

阿方索十分重视这些尼德兰风格的板面油画，将它们作为个人娱乐及虔诚祈祷之用，但他在意大利的大量赞助却集中在公共艺术上，这是基于政治利益上的考虑。阿方索身为西班牙人，必须证明自己入主意大利的合法性。1447 年，阿方索在意大利仅有的同盟者教皇尤金乌斯四世（Pope Eugenius Ⅳ）和米兰公爵菲利波·马利亚·维斯康提去世后，他被迫使用各种外交手段来争取佛罗伦萨和威尼斯当局的承认。同时，他还要设法赢得那不勒斯的男爵们对他的好感，他们当中有很多人不仅过去，现在仍旧支持法国安如王室的统治。阿方索任命原来在加泰罗尼亚（Catalan）和卡斯提尔（Castilian）的高官负责宫廷中大多数要职，如任命他的宠臣、在卡斯提尔地区担任总管的阿瓦罗斯（Don Inigo de Avalos，被刻画在毕萨内罗的纪念章上）担任终生负责食物出口的职位，这使男爵们对他的敌意更加严重。作为妥协和安抚这些男爵的方式，“慷慨的”阿方索增加了他们的特权，让他们享有了非常大的权力，这成为了之后继承者的隐患。阿方索政府采用西班牙模式构建，而宫中礼仪和习俗则沿袭加泰罗尼亚地区。更有甚者，加泰罗尼亚和卡斯提尔的语言成为了宫廷语言，而之前一直是法语。后来，费拉拉的波尔索·德·以斯帖曾对阿方索坦白进言："在这个国度，你不可能受到爱戴，相反，你只会遭来怨恨。"

但阿方索毕竟是一位精明和学识渊博的人，懂得政治宣传成功的价值。发展出一套和谐的辞令和视觉语汇，以让自己的政治理念被西班牙贵族、意大利盟友以及心怀敌意的意大利王侯接受，这是阿方索塑造自己艺术政治的一个重要内容。被阿方索从西班牙请来的建筑师和艺术家在进行新堡的室内装潢时，会尽量与宫廷内部原有特色协调。佛兰德斯音乐家被延请到那不勒斯，因为他们的音乐是国际公认最好的，这和佛兰德斯的板面油画和织毯一样（悬挂在大厅四周的墙壁上）。此外，在意大利最著名的几位人文学者也被邀请到了那不勒斯。他们之所以受到重视，不仅因为投合了阿方索对文学的兴趣和对世界古典文化的热爱，更是因为他们能把国王的政治理念阐述为时尚的人文术语，并被后代记录为国王的功勋。

瓦拉（Valla）是这些人文学者当中最有贡献的，在1440年，他证明了让教皇合法统治意大利疆域的历史文档《君士坦丁的奉献》（*The Donation of Constantine*）是伪造的。法吉欧则写了一篇《论人生幸福》（*On Human Happiness*）的论文以及一部歌颂阿方索政权的历史。帕诺米塔也写了一部传记——《阿方索国王言行录》（*On the Saying and Deeds of King Alfonso*），将国王与两位出生于西班牙的罗马皇帝图拉真（Trajan）和哈德良（Hadrian）联系在一起。按照当时基督教的观点来看，这两位皇帝连同奥里利乌斯（Marcus Aurelius）一起都是“最好的”。哈德良和阿方索一样痴迷于田猎并使狩猎成为公元2世纪中叶的一项皇室运动。一个阿方索纪念章（毕萨内罗制造）便将这位那不勒斯国王描述成一位“勇敢的猎人”。两位源自西班牙的罗马皇帝的胸像被摆放在新堡的楼梯间，而饰有夸赞其资助者雕刻的新堡凯旋门也模仿了位于贝内芬托（Benevento）的图拉真凯旋门。

在视觉艺术领域，阿方索在意大利人眼中树立权威的关键，是大量借用古罗马帝国的视觉语汇。不仅仅有西班牙人曾经入主意大利，当起皇帝和国王，而且出身日耳曼霍亨斯陶芬（Hohenstaufen）家族的神圣罗马帝国皇帝腓特烈二世（Frederick Ⅱ，1198～1250年）也一度统治过意大利南方和西西里。腓特烈在各方面都可以说是阿方索的楷模：能文能武，政治精明，对艺术的赞助格外慷慨，更以心胸宽广而口碑甚佳。腓特烈推崇古罗马皇帝奥古斯都（Augustus）的帝国形象，铸造仿古风格的纪念章，甚至还在卡普阿（Capua）建了一座凯旋门。盘旋上方的老鹰是他的标记，这在后来被阿方索采用于自己的一个仿古纪念章中以象征开明。因为老鹰虽然强悍好战，但对那些尊重其权威的人，也会宽容待之并与他们共享猎物。

但阿方索对帝王形象的兴趣也是自己内心真实的感受。在那不勒斯战役期间，他每天都兴奋地阅读几页裘力斯·恺撒的《评论集》，人文学者也会在战场上为部队朗诵李维（Livy）令人激动的章节（或者骑士冒险事迹）。他收藏古代钱币，尤其是刻有恺撒面像的钱币，他对这些钱币崇敬如神圣物品。他的著名图书馆里面藏有亚里士多德以及西塞罗、李维、恺撒、塞内加（Seneca）等罗马学者和政治家的著作，当他坐在窗明几净的地方研究这些著作时，可以远眺那不勒斯海湾。他对待古罗马文化的宗教般的热诚在他的人文学者官员那里得到了简单的解释：古罗马皇帝树立了道德典范，他们激励着阿方索寻求美德和荣誉（图37）。同样因此，从威尼斯人手中购买的李维遗骸中的一块手臂骨，被他当作圣人的遗骸来崇拜。在阿方索统治的末年，曼托瓦雕刻家兼金匠克里斯多福罗·迪·杰里米亚（Cristoforo di Geremia，约1430～1476年）把阿方索塑入了纪念章，画面中的阿方索身穿古代盔甲接受战神马尔斯（Mars）和司战女神贝罗娜（Bellona）的加冕（图38）。

毕萨内罗能够充分满足阿方索在文武双全形象上的乐事。毕萨内罗1448年年末来到那不勒斯，1449年2月被任命为国王家族中的一员，并得到了高达400达克特金币的丰厚薪水。1449年2月确认毕萨内罗特权的任命书，表明阿方索已经非常了解这位艺术家的杰出成就，同时也说明当时毕萨内罗已经开始为国王制作艺术品：

图 37 雕有恺撒或图拉真肖像的图像雕饰（阿拉贡国王阿方索凯旋门左基座局部），15 世纪 50 年代中叶。新堡，那不勒斯。

这尊优雅的侧面胸像是以罗马钱币为基础的。

图 38 克里斯多福罗 · 迪 · 杰里米亚，阿拉贡的阿方索纪念章（反面），约 1458 年。青铜，直径 7.7cm。维多利亚和阿尔伯特博物馆，伦敦。

上面题字为：“战神玛尔斯和司战女神贝罗娜为征服这个地方的人加冕。”这枚纪念章不寻常地呈现了阿方索的全身像。阿方索手持公平之剑和象征王权的宝球，王冠上装饰着狮身人面（代表智慧）。人物被巧妙地安排在狭窄圆形空间内，创造了立体雕塑般的效果，反而不太像浮雕。纪念章正面，年老的国王雕像（模仿古罗马雕像的风格）造型雄健而自然。他的护胸上的图案，有带翅膀的裸童、骑着人马兽的女海妖以及蛇女美杜莎的头。

鉴于我早已得到多个报告听说毕萨内罗不论绘画还是青铜雕刻都无与伦比，才能多样出众，品质高雅，首先我们就非常仰慕他的才华技艺。但当亲眼目睹作品并仔细欣赏时，我们对其人的激情和感情更加被强化……

这些“报告”之一可能来自米兰公爵菲利波·马利亚·维斯康提，他在帕维亚的城堡内既有出自毕萨内罗之手的珍贵壁画，也有这位来自维罗纳的艺术家为他设计的纪念章。阿方索与这位米兰公爵的友好关系可以追溯到1435年，当时国王在邦扎之役（battle of Bonza）中被热那亚军队俘虏并被交给菲利波·马利亚囚禁。但是公爵不仅没有把他当成敌人，而且还以朋友相待，抓住这个机会，阿方索让菲利波·马利亚认识到了由阿拉贡人统治那不勒斯的种种好处。结果，他们签订了一个双边合作和军事结盟的协定，并维持到菲利波·马利亚过世为止。在论及菲利波·马利亚的生平时，德西姆布里欧（Pier Candido Decembrio）认为虽然公爵“不喜欢别人为他作画，但他最终还是让优秀的毕萨内罗为他作了肖像”。

委托毕萨内罗为他制作纪念章（约于1441年），菲利波·马利亚是在仿效北方的费拉拉宫廷作风。当时费拉拉的君主雷奥内罗·德·以斯帖自己就是一个狂热的古董收藏者，周围都是顶尖的人文学者。这些学者中包括法吉欧的老师圭亚里诺（Guarino da Verona）和阿尔伯蒂。毕萨内罗和自己的赞助人同好：他在罗马工作时可能画过几幅风格细腻的古典肖像素描（虽然其中只有一幅画可以断定是他画的），此外，他也和雷奥内罗一样有收藏古罗马钱币的嗜好。1444年，当阿方索的私生女阿拉贡的马利亚嫁给雷奥内罗当第二任妻子时，雷奥内罗特意为这一盛事请毕萨内罗铸造了纪念章。在纪念章正面，雷奥内罗头部上方有几个字母（*GE R AR*），被人们认为是拉丁文 *GENER REGIS ARAGONUM* 的缩写，意味着雷奥内罗从此与阿拉贡国王关系密切。

1449年阿方索延请毕萨内罗设计纪念章时，就要比毕萨内罗为雷奥内罗铸造的规模大得多，这样才符合阿方索作为一个大帝国国王的身份，而不仅仅是一个小城邦的王侯（图39，图40）。在古典风格的侧面像中，阿方索身着现

图39 毕萨内罗，阿拉贡的阿方索肖像纪念章（正面），1449年。青铜，直径11cm。维多利亚和阿尔伯特博物馆，伦敦。

和毕萨内罗纪念章一类东西带给人民的愉悦在于握在手中的那种实际感受：青铜表面的光滑与色感，恰如其分的重量和圆形造型，以及浮雕刀工的触感。

图40 毕萨内罗，阿拉贡的阿方索纪念章（反面），1449年。维多利亚和阿尔伯特博物馆，伦敦。

代盔甲，表明了身为将军与君王的身份。左边是一顶刻有徽章的头盔和置入其中的一本打开的书，右边是他的王冠和纪念章的铸造日期。上方的题字为 *DIVUS ALPHONSUS REX*，下方则是 *TRIUMPHATOR ET PACIFICUS*。*DIVUS*——（神圣）这个字的使用，把阿方索和早期的罗马皇帝联系在一起了，他们当中许多人死后被奉为神明。一方面，国王的武功得到颂扬，另一方面，国王也被视为和平的缔造者——也因此，头盔才会把武功和文字两种主题放在一起。

纪念章的反面，阿方索决定让毕萨内罗画一则有关宽容的寓言。宽宏大量的名声可增加国王的威望，同时也是他信仰虔诚（实际宗教捐赠形式的慷慨）、爱护百姓最有说服力的证明。宽容是古代帝王的德行，奥古斯都皇帝便是其代表，它同时也是一种政治手段。彭达诺宣称，国王的慷慨可使他“著名且备受爱戴”，但事实恰恰与此相反。阿方索在文化和艺术事业上的巨大经费［根据为他写传记的维斯帕夏诺 · 达 · 比斯蒂西（Vespasiano da Bisticci）的说法，阿方索每年花在人文学者身上的钱多达两万达克特金币——这显然有点夸张；书中也称他花了 20 万金币来修整安如王室的一座古堡，改成新堡］，来自于西班牙各个王国的税收等，因此后者极为怨恨阿方索在那不勒斯的巨大投资。当然有些花费是有必要的，例如新堡在遭围攻时损毁严重，几乎需要全部重建；可是阿方索却铺张浪费，将它建成一座更为繁华的王宫（图 41）。作为防御工事，新堡拥有巨大圆塔、三角堡以及超过 30 码宽壕

图 41 弗朗西斯科 · 罗瑟里，斯特罗兹图板：1465 年 7 月伊斯嘉战役后费南特一世于那不勒斯湾，1472 ~ 1473 年。板面蛋彩画，82cm × 240cm。卡波迪蒙特博物馆，那不勒斯。

细部展示的是阿拉贡的阿方索国王宫殿新堡。

上图 42 毕萨内罗，阿拉贡布料设计稿，上有“保持力量”的字样和图案，1449 年。褐色渲染，炭笔和墨水笔，21cm×15cm。卢佛尔宫，巴黎。

设计稿背面画有两个为阿方索 1449 年的纪念章所作的速写胸像，中间从岩石里长出来的树象征着强大的力量。

右页图 43 阿拉贡国王凯旋门，1453 ~ 1458 年及 1465 ~ 1471 年。新堡，那不勒斯。

阿方索的大理石凯旋门两侧耸立着新堡庞大的城楼，代表着凯旋门的建筑与雕刻的成就，是两位伊比利亚人、达尔马提亚人、两位伦巴第人、一位罗马人、两位比萨人，以及一位在佛萨伦斯受训的雕刻家一起努力合作的结果。法吉欧盛赞它“结构和做工都很壮丽，天下无其他作品能敌”。

沟，的确有些吓人。阿方索还在其他地方兴建一些城堡，如沿着海岸修建的加埃塔（Gaeta，花了将近 30000 金币），在那不勒斯湾修建的斯塔比亚海堡（Castellammare di Stabia）等。

阿方索对纪念章的兴趣可能与他对英法骑士传统中徽章的喜爱有关。这类徽章既可以作为君王身份的象征，也可以作为骑士团成员的标志，由具象征意味或隐含寓意的图案和帮助人们理解图案晦涩难懂含义的题字组成（图 42）。阿方索属于百合骑士团和金羊毛骑士团（the Lily and the Order of the Golden Fleece），他的嫡子费南特（Ferrante）则成立了著名的艾米内骑士团（Order of the Ermine）。在雷奥内多和阿方索的仿古纪念章的反面，可以看到骑士徽章结合象征图案与解释性文字的特征。徽章可以被统治者赐给宠臣个人使用，与此一样，仿古纪念章也经常被作为象征赐给人文学者和宠臣。而且纪念章是更为便捷的宣传工具：肖像或图案可个别剪裁，传达的信息也更加明了。

阿方索赞助纪念章的一个主要动机，是他认为这是后代保存他的长相的最佳途径。毕竟，古代钱币是后人凭吊古代伟大帝王的主要之物。圭亚里诺在 1447 年写给阿方索的一封信中声称，绘画和雕刻并不是获得名声的最好媒介，因为他们即非便携，又无法“贴标签”。与此不同的是，伴有题字的肖像既不会令观众感到疑惑不解，同时也对历史学者大有助益。当时圭亚里诺手里有一封早已在人文学者圈内广为流传的希腊人文学者克里索罗拉（Manuel Chrysoloras）1411 年于罗马写的信，信中有一段详尽的描述：

> 为了纪念（罗马的）凯旋和壮丽游行而立的凯旋门——游行队伍包括各个民族的代表与征服他们的将军，还有马车、战车、马车夫、侍卫，紧随其后的军事将领和鱼贯于前的战利品——每个人都能看到这些栩栩如生的形象，还可以通过上面的题字得知所有的东西。

克里索罗拉把这些巨大拱门上的浮雕看成为"一部完整无误的历史，或者与其说是一部历史，倒不如说是一场展览，也就是说，它将当时处处可见的事物呈现在我们面前"。阿方索对历史有着极为浓厚的兴趣，当时在那不勒斯圈内对历史学的辩论非常激烈。历史，正如佛罗伦萨人文学者布鲁尼在1450年左右所说，"为公民或君主在公共政策上提供教训和警醒，从历史中，我们可以抽出我们学习道德的规范"。而对人文学者来说，历史几乎与政治宣传密不可分，因为阿方索的公共艺术就是一场有选择性的赞美自己所创造历史的展览。克里索罗拉也看到，罗马重要的古迹都是这些君王"财富殷盛，富于创造力和艺术感悟力，伟大庄肃，崇尚高贵与美丽"的明证。毕萨内罗在1449年接受任命的主要职责，就是创造能使阿方索的品行和功绩永垂不朽的纪念性雕刻。

许多毕萨内罗设计风格都与阿方索新堡入口耸立着的巨大凯旋门（图43）——用"最纯白的大理石"建造——风格类似。新堡工程始于1453年，主要的设计者是达尔马提亚（Dalmatia）卓越的建筑师欧诺菲欧·迪·基奥达诺（Onofrio di Giordano，素有希腊罗马古物专家之称）。7月间，受人尊敬的雕刻家皮特罗·达·米兰诺（Pietro da Milano）由达尔马提亚抵达那不勒斯，在他的两名助手弗朗西斯科·劳拉纳（Francesco Laurana）和保罗·罗马诺（Paolo Romano）的帮助下开始雕刻拱门下半段的浮雕。著名的加泰罗尼亚人像雕刻家皮瑞·琼（Pere Joan）监督人像浮雕，他还和圭勒姆·萨格瑞拉负责了很多新堡内部的设计工作。当萨格瑞拉心无旁骛地忙于华丽的哥特式（flamboyantly Gothic）男爵厅（Sala dei Baroni）内部（图44）时，意大利的雕刻家们则兴致勃勃地雕刻上绘百合和古典的半狮半鹰像（二者都是百合骑士团的象征）的豪华仿古花瓶，上面还有手持花圈的裸童（*Putti*）、人马兽以及大力士赫拉克勒斯（Hercules）旅行的场景。

图44　萨格瑞拉，男爵厅拱顶，1455～1457年。新堡，那不勒斯。

这个哥特式拱顶与城堡的"古典"风格凯旋门建于同一个时期，以加泰罗尼亚建筑为蓝本。规划宏伟，高度逾28米。肋架相交的地方原来是装饰着象征阿方索管辖领土的盾形徽章。

图45　米兰诺等人,《凯旋队伍》(阿拉贡国王阿方索凯旋门细部),1455～1458年。新堡,那不勒斯。

凯旋门的饰带分别由皮耶特洛、劳拉纳(左边)与比萨以及出身于雕刻世家(这个家族在热那亚附近工作)的格吉尼(右边)四人负责。格吉尼雕刻了一组生气蓬勃的喇叭手和乐师;比萨创作了一辆古典时期象征"胜利"的人像引导的四轮二马战车;皮耶特洛斯雕刻出跟随在凯旋车辆后面的个性鲜明的达官显贵;剩下的阿方索的教士则由劳拉纳完成。根据毕萨内罗的设计稿,负责下方几个半狮半鹰怪兽雕刻的人传为皮耶特洛(左)和劳拉纳。

凯旋门的饰带(图45)主要由罗马首屈一指的雕刻家以赛亚·达·比萨(Isaia da Pisa)和阿圭那(Andrea dell'Aquila)负责(付给他们356达克特金币)。雕饰部分的内容就是讲解纪念阿方索1443年的胜利,当时战败的雷涅将斗篷挂在"危险之椅"的椅背上。造型威武有力的人物肖像位于两侧帐篷内,包括突尼斯(Tunisian)的大使和随从,以及无所畏惧的那不勒斯男爵们。阿方索从未正式加冕为王,到他的私生子兼继承人费南特才享有这份荣耀。费南特作为继承人的形象在拱门下半段的内部浮雕上显示出来(图46),这个部分作于1465年费南特在位期间。现在已经严重受损的费南特加冕礼浮雕位于拱门内部,也作于1465年,上面有这样一段题字:"我通过重重考验之后继承了我父王的王位,接受代表疆域的王袍和冠冕。"费南特在这里所暗示的"考验",在翁布里亚(Umbria)

图 46 阿圭那(?),《费南特与朝臣》(阿拉贡国王阿方索凯旋门细部:下半段内部左边的浅浮雕),1465年。

浮雕的作者存在争议,人们将其归在两位曾与多纳泰罗工作过的雕刻家:阿圭那,他是多纳泰罗这位伟大雕刻家佛罗伦萨工作室的成员;比萨的切里尼,他在帕多瓦当过多纳泰罗的助手。费南特置于作品中央,两侧是他的宠臣,成排士兵侧身尾随其后。上面有一向内凹的狭长浮雕,由阿拉贡的徽章(包括"危险之椅"以及一本打开的书)分割而成,再往上是一段刻有女海妖和海怪的流利的抒情性饰带。

的古烈尔摩·洛·摩纳哥(Guglielmo Lo Monaco)于15世纪70年代为这座拱门所铸造的铜门上生动地予以重现(图47)。浮雕上面刻画的内容包括1462年费南特征服反叛的男爵,1460年多次有惊无险地躲过敌人的谋害,在阿卡迪亚(Accadia)与特洛亚(Troia)击退雷涅的军队(斯特罗兹图版颂扬了费南特克敌制胜的场面,参见图24)等。法吉欧可能构想了所有内容,他所撰写的拉丁文诗句和六段场景都被事件和人物填得满满的。铜门浮雕的风格和同时期的细密画(例如每段场面都镶有徽章花边)很相似,也和缠绕于罗马的图拉真和奥里利乌斯两座凯旋纪念柱上的浮雕相仿。

费南特的铜门为他父亲庄严古典的拱门画上了圆满的句号。与大理石浮雕一样,铜门镶板内的浮雕都来源于近代史片断,同时也都以夸张、歌颂功德的笔法改写历史。例如拱门上半段饰带上的题字 *ALPHONSUS REX……ITALLCUS*,贴切地颂扬了阿方索崇高的帝国野心。然而,对阿拉贡的阿方索以及当时其他的几位君主而言,个人欣赏这些雕刻和绘画所获得的身心愉悦,常常和从它们身上得到的公众荣耀和政治利益没有高下之分。而在当时的一些演说中,公私这两个领域的分野是显而易见的。例如人文学者马内提(Gianozzo Manetti)在1445年的演说(庆贺神圣罗马帝国皇帝腓特烈三世的来访)中,赞美阿方索的个人品德,如虔诚、节制、对文艺与学问的执着,并和他对外的王者特质,如公正、勇敢、庄严、宽容、威严有很大区别。阿方索在1446年3月22日为感谢枢机主教阿圭拉(Cardinal Aquilea)的赠礼而写的一封信中,有这样一段文字,为新堡拱门给人留下的印象作了最好的注解:

> 告诉您吧,先生,第一批雕像和绘画作品一抵达这里,我便立刻外出搜索,直到太阳落山才回来。我整天都没有吃东西,然而我想在填饱肚子之前,必须先让心灵感到餍足,因此我立马前去探望它们,一刻也没敢耽搁。我敢向您保证他们是如此的完美,尤其是雕刻——我每天看到他们都觉得很愉快,就像和他们初次见面。

图 47 古烈尔摩·洛·摩纳哥，新堡铜门，约 1474 ~ 1477 年。王宫，那不勒斯。

古烈尔摩多次受雇于阿拉贡宫廷制作铁炮、时钟、青铜大炮及新堡的钟。他本人的肖像和法吉欧的肖像出现在铜门上小圆形雕饰内。具有讽刺意味的是：在 1495 年一场对抗法军的战争中，一名热那亚炮手所发射的加农炮炮弹射中了左下方描写法国的安如王室军队撤退的镶板，并至今留存。

第三章

文功武略：费德里克·达·蒙特菲尔特罗统治下的乌尔比诺

图48 皮耶罗·德拉·弗朗西斯卡，布瑞拉祭坛画（蒙特菲尔特罗祭坛画），约1472年（佩德罗·贝鲁格特在1476年重新润饰）。板面油画，250cm×170cm。布瑞拉，米兰。

皮耶罗祭坛画中光线的分布是这幅板画的最大创新之一。大理石面并不光滑的纹理，吊顶上的扇贝以及鸡蛋，都极富有暗示性，同时大理石面上变化的色彩取得了和画面上各种颜色丰富的织物的和谐。建筑和光线（从人物背后照射下来）可能反映了这幅画的原初布景设想：这座圆形神殿（*tempietto*）位于宫殿（从未开建）中的帕斯奎诺（Pasquino）中庭，主要是为了费德里克的陵墓而建。

费德里克·达·蒙特菲尔特罗对艺术的赞助成全了乌尔比诺，使得它成为了文艺复兴时期的宫廷模范。作为一个并无多少文化历史可言的山坡小镇，乌尔比诺在短时间内就跃居为一个规模适中的侯国和地位非常重要的艺术中心。在1510年的一篇文章中，人文学者保罗·科提斯（Paolo Cortese）将费德里克和科西莫·德·美第奇描述为15世纪两个最为伟大的艺术赞助人，而巴达萨利·卡斯提利昂（Baldassare Castiglione）则在《朝臣记》（*Libro del Cortegiano*，1528年）中生动地描述了费德里克的儿子圭多巴多当政期间弥漫乌尔比诺的文明开化风气，并单独举出费德里克的宫殿和图书馆予以夸赞。佛罗伦萨商人维斯帕夏诺·达·比斯蒂西为费德里克的图书馆提供了半数以上的手抄本，对费德里克作为艺术赞助人和军队指挥者的高超能力盛赞有加。在维斯帕夏诺看来，费德里克代表了既有行动又有沉思的基督理想生活模式。以强力和学识为基础，费德里克达至富庶和稳定，这让他后半辈子可以全心追寻自己的王侯梦。建造于乌尔比诺的宫殿的和谐安谧景象，就暗示着他通过谨慎处理战争而取得和平的策略。

费德里克（1420～1482年）是当时战绩最为辉煌的雇佣军队长之一。他主要受雇于意大利一些大的城邦，尤其是教皇，并随着名气的增大而其佣金看涨。到1467年，即使和平年代，他的年收入也可达6万达克特金币，而一旦操起武器，费用就可增到8万（这笔钱是由米兰公爵弗朗西斯科·史佛尔扎支付），在他临终之前签订的一份合约更是高达16.5万。从著名的毕其雷诺将军（Niccolò Piccinino）那里，费德里克学到了非凡的军事才能，然而

更令他自豪的是曾经受过的人文教育。在孩提时代，他在曼托瓦当了两年人质，这期间他与贡扎加家族子弟一起在著名的维多里诺·达·费尔特雷（Vittorino da Feltre）主持的人文学校接受教育。费德里克在这里接受了广泛的人文教育，学习了拉丁文、天文学、体育、音乐、数学、几何。维多里诺向他灌输的自律、自制等美德成为后者的终生信条。利用统治之初二十多年来赚取的巨大雇佣军费用，费德里克为自己建立了一个规模宏大的宫廷，并且从1468年起，在艺术和建筑上进行了巨大的投资，这一点超出了所有其他意大利王侯。

费德里克在艺术上慷慨投资，除了对雕刻和建筑兴趣浓厚之外，还有一些更为复杂的动机。首先，同时也是最重要的，他迫切需要证明自己继承王位的合理与合法，并把自己塑造成为一位具有基督美德的君王。同时，艺术也可以用来宣传他的赫赫战功，鼓吹他公正仁慈的君主形象。另一个目标是歌颂蒙特菲尔特罗王朝——费德里克的父亲是谁，一直疑窦丛生，而王妃在很多年以后才为他生下一个王位继承人。艺术赞助的“壮丽”规模也是为了让他赢得国内以及那些和自己身份相当的国王和王侯人士，还有雇主们的信任。

通常费德里克所赞助的艺术具有清晰、井然有序、高雅的特色。维斯帕夏诺在他为费德里克所作的的传记中(1498年)，高度赞扬了他严于律己的品格，这样一种品格似乎渗透进了那些环绕在费德里克及其臣辅四周的明晰而精巧的艺术形象上。受雇于费德里克的画家、雕刻家、建筑师包括皮耶罗·德拉·弗朗西斯卡(约15世纪初或20年代~1492年)、鲁加诺·劳拉纳(Luciano Laurana, 1420年或1425~1497年)，以及梅洛佐·达·佛尔利(Melozzo da Forli, 1438~1494年)等，他们用视觉艺术语汇来表现费德里克在位期间的各种话题。这些艺术家纯净和谐的风格往往被认为是再现了费德里克治下的乌尔比诺的灿烂光辉。这种说法的问题就在于忽略了一个基本事实：这些宫廷延请来的艺术家在为其他王侯和城市创作时，风格也大同小异。举个例子，皮耶罗·德拉·弗朗西斯卡在为费拉拉和里米尼宫廷服务期间，创作了一幅西吉斯蒙多·马拉特斯塔膝跪于守护徒面前的风格安详宁静的还愿壁画(图49)。然而，西吉斯蒙多的个性和费德里克完全相反：西吉斯蒙多反复无常。费德里克却严谨慎行。西吉斯蒙多的恶名昭彰的性情——意大利称之为*mobilitas*，也就是毫无定性而善变的意思——在弗朗西斯卡这位沉静永恒的里米尼肖像画画家这里了无踪影。

皮耶罗的画风本质上是一种地方风格[他来自附近的圣墓区(Borgo San Sepolcro)]，但是，他对新兴的透视技巧的熟练运用，以及乐于营造“真实”建筑背景的技法，肯定受到了蒙特菲尔特罗宫廷的影响。费德里克周围的艺术家和他一样对建筑空间和光线十分着迷。根据维斯帕夏诺的记载，费德里克积极参与自己的建筑设计，尤其是对他的宫廷投入最深，尽管他所扮演的角色可能只是一个知识丰富的业余爱好者而不是主事者。与费德里克一样，他的首席顾问乌巴迪尼(Ottaviano Ubaldini)也对此抱有极大的热情，后者在监督艺术家们完成委托作品，以及在费德里克死后，以惟一摄政王的身份监督建筑师弗朗西斯科·迪·乔吉奥完成工程的过程中扮演着重要角色。许多受雇于乌尔比诺宫廷的画家和建筑师都热衷于利用透视法在二维平面营造出空间幻象，或是将画面上的空间幻象还原成比例均匀的三维空间。到15世纪60年代，

图49 皮耶罗·德拉·弗朗西斯卡，西吉斯蒙多·马拉特斯塔祭拜圣徒西吉斯蒙德，1451年。剥离了的壁画与蛋彩画，250cm×340cm。圣方济教堂，里米尼。

皮耶罗的大型壁画仍然展示在马拉特斯塔神殿的“圣迹之屋”(Cell of the Relics)的大门之上(见图17)。壁画和其中的圣迹最初的设想是从附属的圣西吉斯蒙德礼拜堂通过一扇特意在墙上开出来的玻璃窗遥看。无论皮耶罗对西吉斯蒙多的人物描写(黑而“深邃的眼睛”，庇护二世对此非常不满)还是对西吉斯蒙多巨大而坚固的圆形堡垒的刻画，都成为了马蒂欧·帕斯蒂为这个里米尼领主制作像章的典范(见图25，图26)。

皮耶罗已谙熟改良过的油画艺术技巧，利用闪烁不定的折射光线和饱和色彩表现明暗对比。费德里克非常欣赏油画的这种表现方式，因此特地从佛兰德斯雇来一位长于油画色彩的画家担任宫廷艺术家——这是惟一一位如此行事的意大利君王，根特的尤斯提斯（Justus of Ghent）被从佛兰德斯带走（这位画家在 1466 年之后便不曾出现在佛兰德斯的记录上），西班牙的佩德罗 · 贝鲁格特（Pedro Berruguete）也加入了尤斯提斯的行列。

费德里克的宫廷内部非同寻常地使用了自然光线，这与皮耶罗和梅洛佐的着色建筑画遥相契合。两座建造于 1474 年的双子礼拜堂（图 50），其风格便与皮耶罗在布瑞拉祭坛画（Brera Alatarpiece）中描绘的圣殿（见图 48）相似。无论画中的圣殿还是这座现存的礼拜堂，都借助浓淡和谐变化的色彩以及单纯的几何关系来达到一种平衡。一般都认为皮耶罗参与了宫殿建设的内部设计，但他的具体贡献从未得到确认。在这两座相连的拱顶穹窿的礼拜堂里，阿尔伯蒂的建筑语汇（他是乌尔比诺的常客）散发出私密与色彩美的气息，这正是乌尔比诺周遭艺术家的特色。两座礼拜堂都有列于祭坛壁龛两侧的古典柱式。混融基督信仰与人文思想（这两个礼拜堂位于费德里克的画室正下方）的特征在这两座礼拜堂的功能上得到了印证：其中一间用于敬献圣灵（Holy Ghost），另一间则用于供奉阿波罗、雅典娜以及缪斯女神。

费德里克凭借自己的人文学识获得的尊荣与声望，对于和他身份一样的雇佣兵队长、曼托瓦的侯爵鲁多维克 · 贡扎加（Ludovico Gonzaga）来说同样重要。在 1461 年的一封信中，费德里克曾向鲁多维克抱怨说，他们的雇主把他们当成了“农民”，却又希望他们能提供最好的服务。这里的意思是说，他们只不过是见钱眼开的普通战士，而不是受到古代英勇事迹激励的贵族；就是这样一种偏见，促使他们努力成为人文涵养更高的王侯。他们的声誉不只依靠赫赫战功，更多依靠的是忠诚——惟有人们相信他们是遵守诺言的人，才能获得好评。费德里克深厚的人文修养以及王侯“壮丽”的品位，在仓促建成却引人入胜的图书馆得到了自豪的展现。根据卡斯提利昂的记载，这座图书馆藏有“大量美丽而珍稀的希腊文、拉丁文、希伯来文善本，里面的插图都是镶金错银……”抄经队伍

图 50 赦罪礼拜堂，约 1474 年。公爵宫，乌尔比诺。

这座由威尼斯雕刻家安布罗吉奥·巴洛希装饰的温馨礼拜堂是用来安放费德里克的遗骨的。隔壁的礼拜堂装饰有出自珊提和维提之手的缪斯画像。

与插画人员均住在宫廷里面，而邻邦佩萨罗君王亚力山德罗·史佛尔扎（Alessandro Sforza）由于财力不济则只好向其他宫廷借用人才。费德里克的图书馆藏有一册金线装订的插图版圣经，一册但丁（Dante）《神曲》（*Divine Comedy*）的豪华本，还有一些由作家本人呈献的精致手稿［包括弗朗西斯卡·迪·乔尔吉奥的论文，以及皮耶罗·德拉·弗朗西斯卡的《论绘画的透视法》（*On the Perspective of Painting*）］。这一类王侯图书馆的辉煌可在梅洛佐·达·佛尔利歌颂教皇西斯笃四世（图 51）图书馆的油画中得到生动再现。

费德里克的图书馆目录反映出他对兵法、古代军事史（他几乎天天阅读李维的拉丁文著作），以及对科学、哲学的兴趣。图书馆典雅舒适，位于宫殿的一楼，最初内部可能装饰有一系列以自由艺术为题的画，描写费德里克及其臣僚向各个学科的化身女神致敬，他们同时也因自身学术

上的成就而受到了人们的尊敬（图 52）。圭多巴多统治期间，图书馆员的任务细致到包括向博学者和权威人士展示馆中的藏书，礼貌地向他们指出“本书的美与特色、字体和图饰”。而对那些无知又好奇的人，只要随便让他们瞄一眼这些珍宝就可以了，除非他们是“握有强权和具有影响力的人”。

费德里克对图书装饰美观的强调与雷奥内罗 · 德 · 以斯帖以及贡扎加家族成员的态度有着有天壤之别，后者也在重要的人文学者的建议下苦心经营了自己的图书馆。

1444年，基昂弗朗西斯科·贡扎加在给前往君士坦丁堡（Constantinople）为他搜寻希腊手抄本的经纪人的一封信中写道：“我们并不在乎他们是否有图饰、书体是否精美，内容准确就足够了。”基昂弗朗西斯科的儿子鲁多维克·贡扎加和父亲一样推崇功能至上，费德里克则表现出一种学问渊博的新贵姿态。佛罗伦萨的人文学者安吉拉·波利齐亚诺（Angelo Poliziano）曾断言，乌尔比诺的图书馆里有不少手抄本相当糟糕，不过这却否认不了这座图书馆内容的综合性。维斯帕夏诺曾撰文，描述费德里克在即将出发攻打费拉拉之前与他一起查阅图书馆目录的情形。在和梵蒂冈的教皇图书馆、圣马可（San Marco）的美第奇家族图书馆、帕维亚和牛津大学出色的图书馆目录比较之后，维斯帕夏诺不无夸张地说：“所有这些目录都有瑕疵与重复之处，当然，这里是个例外。”

费德里克最初对艺术的赞助相对比较传统。如宫殿中残存的一段早期的壁画［最早作于1450～1455年间，传为乔凡尼·伯卡提（Giovanni Boccati）的作品］，描绘了身着想像中的古代盔甲的著名巨人形象（*uomini illustri*）。费德里克的第一个宫廷建筑师是来自佛罗伦萨的马索·迪·巴多罗米欧（Maso di Bartolomeo），他是科西莫·德·美第奇宫廷建筑师米开罗佐·迪·巴多罗米欧的学生兼同事。马索负责建筑的宫殿部分被称为“怡奥雷小宫殿”（Palazzetto dell Iole），它以典型的王朝模式将费德里克历代祖先的宅邸纳入其中。佛罗伦萨雕刻家路卡·德拉·洛比亚（Luca della Robbia）也曾在乌尔比诺短暂停留，为隶属于多明我会的圣多米尼克教堂（San Domenico）的大门制作意大利花陶浮雕，这是费德里克出资兴建的。毫无疑问，费德里克原先曾经央求科西莫·德·美第奇为他推荐最好的佛罗伦萨艺匠。然而，到了1465年，在其权力的高峰时期，他又开始寻找新的建筑师并抱怨佛罗伦萨缺乏天才。后来，在得到鲁多维克·贡扎加的准允后，鲁加诺·劳拉纳被从原来所在的佩萨罗君主亚力山德罗·史佛尔扎宫廷带到这里为他效劳（这位建筑师当时正好暂时出借给费德里克）。

正是由于鲁加诺·劳拉纳（约于1466～1472年），也许更应该强调的是弗朗西斯科·迪·乔吉奥（约从1476年开始）的功劳，宫殿建筑才成为乌尔比诺的象征：卡斯

图51 梅洛佐·达·佛尔利，《教皇西斯笃四世及其侄儿和普拉蒂拉》，1480～1481年。剥离了的壁画，370cm×310cm。梵蒂冈，罗马。

这幅高耸的壁画最初装饰在教皇西斯笃四世的图书馆墙壁上。主持图书馆的人文主义者普拉蒂拉双膝跪在教皇脚边，并用手指着下面称颂西斯笃再建罗马的功劳和祝贺代表西斯笃辉煌成就的图书馆落成的铭文。壁画可能是供朝臣和大众观瞻之用，因为图书馆最初就是面向公众开放的。梅洛佐用透视法表现出来的深邃空间和深刻的肖像处理手法，不仅反映了教廷的辉煌，同时也赤裸裸地展示了教廷的野心。

ECLESIE CONFALONERIVS

提利昂形容它是“宫殿般的城市”。在这一点上，它和传为阿尔伯蒂一派画家在一幅板面油画中所描绘的“理想城市”（图 53，最初可能用来挂在宫殿房间的门上作为装饰）具有异曲同工之妙。这幅画与另外两幅共成一组，探索了维特鲁威新建筑语汇的潜能。画中的古典柱式和雕饰表明了建筑的社会地位的提升，同时也暗示了贤能政府和稳定社会。在 1468 年任命劳拉纳为宫殿艺术总监的证书上这样写道，建筑师的技艺格外受人尊崇，因为它根植于算术和几何这两门高贵的自由艺术。劳拉纳不仅享受了丰厚的俸禄，并且负责指挥和调配建设与装饰的各个环节，包括石匠、雕刻家、镶嵌木工甚至宫廷的行政官，都得听命与他。而这一切都在费德里克的严密监控之下，虽然他常因雇佣军队长的任务而不得不离开。

在遍布费德里克领地的众多美丽宫殿之中，乌尔比诺宫殿无疑是一座最大的宫殿（图 54）。宫殿依山而建，但主要广场面向城市，因此既具防卫能力又能方便进出。鲁加诺 · 劳拉纳和弗朗西斯科 · 迪 · 乔吉奥所设计的部分包括：中央的正立面，由三层楼的凉廊（loggia）以及两侧优雅的塔楼所组成；通往一楼主厅 *piano nobile*（最重要的那一层）的宽楼梯；宽敞的中庭，中庭四周是宽大、比例关系单纯的柱式（图 55）。与西吉斯蒙多 · 马拉特斯塔在不远处的西吉斯蒙多堡（Castel Sismondo，图 56）以其挑衅性姿态标示自己在伦巴第 – 艾米利亚边界的强权不同，费德里克的宫殿似乎在滔滔不绝地诉说他在和平时代的抱负。宫殿室外的雕刻、室内的装饰，以及精致的家具都是由来自伦巴第、威尼斯、佛罗伦萨的工匠完成的。其中最为突出的两位是来自托斯卡纳的多梅尼克 · 罗瑟里（Domenico Rosselli）以及威尼斯雕刻家安布罗吉奥 · 巴洛希（Ambrogio Barocci，图 57），后者非常熟悉米兰和帕维亚的设计要素。在 1472 年劳拉纳离开乌尔比诺到之后锡耶纳的弗朗西斯科 · 迪 · 乔吉奥被任命为宫廷建筑师（约 1467 年左右）之间这一段时间，安布罗吉奥可能暂时成为了工程主事者。

由于费德里克的宫殿几乎是重新开始，因此可以按照他个人以及众多的王室成员和朝臣的需要来组织。所有的谒见室都位于一层主厅：从入口凉廊附近登上造型优雅的楼梯，拾级而上，便可抵达这一层楼。此外，这一层楼还

图52 根特的尤斯提斯（？），《音乐》，约 1476 年。板面画，150cm×97cm。国立美术馆，伦敦。

反映自由艺术的这一类作品，仅知的只有四幅，而且其中两幅还在 1945 年损毁。这些画作质量上乘，透视法运用娴熟（从下往上透视），这让不少画评家认为它们出自梅洛佐 · 达 · 佛尔利（1465 ~ 1476 年间活动于乌尔比诺）。费德里克本人出现在其中的一幅板画《雄辩》上（从老照片上看到），而出现在四幅画上的背景上的题字都表明了他的头衔。这些画究竟是为乌尔比诺的图书馆所作，还是为费德里克的其他宫殿图书馆所作，这不得而知。

图 53　佚名，《理想城市》，15 世纪末期。板面油画，67.5cm×240cm。国立标识艺廊，乌尔比诺。

这座“理想城市”的宫殿、庙宇、教堂以及具有几何图案的大理石便道都是用尺子和圆规画出来的。这幅板画和其他两幅收藏于巴尔的摩和柏林的类似“理想”图景画，可能是在示范布鲁内勒斯基和阿尔伯蒂的单点透视技法。除了这些画，我们惟一能找到的同样景观是在费德里克位于乌尔比诺宫殿的房间门上，它应该绘于 1474 年到 1482 年间。

有费德里克的私人套房——与工作室相连、礼拜堂、一座赏心悦目的秘密花园，以及可以眺望远方蜿蜒的乡间风景的优雅凉廊。贯穿公爵私人房间和臣僚住宿处的便捷通道，加上室内美观的家具，使这座宫殿成为高雅与舒适的典范。光线通过巨大无比的窗户倾泻房间，镶嵌细工（*intarsia*）的家具木头温暖入心，色泽明暗对比明显，而镀金的灰泥天花板也更加光辉璀璨。此外还有弗朗西斯科·迪·乔吉奥新发明的雕刻有经典图案的实用无烟壁炉（这曾令费德里克·贡扎加印象深刻）。在佛罗伦萨的洛伦佐·德·美第奇的要求下，曾经在 1479 年到 1481 年间与弗朗西斯科·迪·乔吉奥共事的建筑师和镶嵌细工图案设计者巴西欧·庞蒂利（Baccio Pontelli）就将宫殿设计图寄给他参考过。

吸引众多学者兴趣的房间还是费德里克的画室（*studiolo*，图 58）。这个画室的大部分工程完成于 1474 年之后，也就是费德里克被封为公爵之后［类似的房间出现在稍后费德里克在古比奥（Gubbio）建的宫殿里］。它位于主谒见室和公爵的私人寓所之间，具有双重目的：一方面，费德里克可以在这里利用空余时间进行学术研究，另一方

图54　公爵宫，乌尔比诺（全景）。

图 55 公爵宫殿的荣耀中庭，乌尔比诺。

图56 马迪欧·德·帕斯提，西吉斯蒙多·马拉特斯塔像章（背面），1450 ~ 1451 年。铜质，直径 8cm。市立博物馆，里米尼。

出现于宫廷建筑艺术之中的城堡代表着开疆拓土的能力。帕尔马的领主皮尔·罗西在托尔西亚娜城堡（castle of Torchiara）“金房”（Camera d' Oro）的穹窿壁画上绘制了其领地范围内的 20 座城堡，而科斯坦查·史佛尔扎的伽达拉要塞（fortress of Gardara）则在乔凡尼·贝里尼的毕萨罗祭坛画中得到了淋漓尽致的描绘（它们和西吉斯蒙多城堡的作用相同）。

面，这里也可向到访的达官贵人展示他的政权“壮丽”而道德的一面。墙壁的下半段至今仍镶有工艺精美的镶嵌细工，上半段原来则悬挂着由根特的尤斯提斯所画的 28 幅著名的饱学之士的肖像（图 59）。费德里克这间画室的设计可能是受到其他王宫的启发，尤其是位于佛罗伦萨拉尔加路（Via Larga，现在在卡沃尔路）的新美第奇宫的皮耶罗·德·美第奇画室。画室内所陈列的徽章、肖像以及器物展现了学术成就和基督教的功绩，所有的装饰更强调了公爵的战功和王朝的伟业。出现在一段镶嵌细工画里的费德里克肖像，成为了四种基本美德的化身以及和平的前兆（矛尖向下）。

费德里克建造庄严而有序的“美丽的豪宅”的主要目的是推尊“先列崇高的地位、可敬可佩的声誉，以及我们自己的身份地位”（1468 年劳拉纳任命书中的文字）。然而，通往权力之路并非一帆风顺。费德里克是一个私生子（“意大利的习俗，杂种当政并很平常。”教皇庇护二世在《评论集》中如是嘲讽），直至 1424 年他才被立为嫡子。庇护二世（Pius Ⅱ）甚至还在书中记载了一则谣言，说费德里克的父亲并不是乌尔比诺伯爵奎丹东尼奥（Guidantonio），而是著名的将领乌巴尔迪尼·德拉·卡尔达（Ubaldini della Carda），只不过他一出生就被调包了（这一段

图 57 安布罗吉奥·巴洛希和罗马诺（?），饰以战利品的战争之门。艾奥之室，公爵宫殿，乌尔比诺。这扇富丽堂皇的大门位于楼梯的“荣耀”之巅。

图 58
画室，约 1472～1476 年。公爵宫殿，乌尔比诺。

这些精彩的细工装饰图案（可能有波提切蒂和乔吉奥设计）包括可以以假乱真地向左开启并展示了其内部的橱柜，远观的风景，武器、徽章和头衔等等。这些图案大多是在颂扬费德里克的丰功伟绩，其他一些，如篮子里的水果，仅仅是让为了观者感到赏心悦目。

文字在出版的《评论集》中被删除）。在嫡出的同父异母兄弟欧丹东尼奥（Oddantonio）被人用一把修剪镰刀谋杀之后，费德里克才得以继承权位。

欧丹东尼奥在 1443 年 2 月 21 日，也就是父亲去世的当天，成为了乌尔比诺的代理主教，同年 4 月被封为乌尔比诺公爵，时年 16 岁。他向人民征收苛捐杂税，生活极度腐化，道德败坏。不到一年时间，他已经激起了广大的民愤。在欧丹东尼奥自食其果被谋杀之时，22 岁的费德里克正在佩萨罗抵御里米尼的西吉斯蒙多 · 马拉特斯塔的入侵。第二天，费德里克率领军队赶回乌尔比诺，但被挡在城外，直到接受了城内人们提出的条件才得以入城。由于费德里克非常爽快地答应了赦免刺客和发动宫廷政变的人，因此有谣言说是他自己策划了这场谋杀案，刺杀了自己的亲哥哥，这个谣言经过西吉斯蒙多·马拉特斯塔的添油加醋，更是经久不息，当然，费德里克本人对此坚决否认。

继任之后，费德里克困难重重。不仅国库亏空，而且还要马上平定推翻其政策的阴谋。此外，由于参与了出售佩萨罗（一个教区）的秘密交易，费德里克被教皇尤金四世（Eugenius Ⅳ）在1446年逐出了教门。幸得尤金四世的继任者尼可拉斯五世（Nicholas Ⅴ）在1447年帮他解了围，承认他为乌尔比诺公爵。从此以后，费德里克渐渐进入了相对稳定的统治时期，积极地与半岛上其他宫廷以及共和国建立友好的战略关系。考虑到和平与安全的利益，费德里克雇用弗朗西斯科·迪·乔吉奥为宫廷建筑师以及防御工事专家，委任后者花20万达克特金币在乌尔比诺全境建立完整的防御堡垒网（图60）。然而，他的当务之急，是赢得臣民对他的忠诚。通过降低税收（庞大的佣金收入可以让他无需通过税收来获得资金）、成立教会基金，费德里克换取了人民的信任；在他统治的最后二十年里，更透过“壮丽”风格的展现，刺激了臣民的自豪感，同时也让自己的声名广布。

图59 根特的尤斯提斯（和佩德罗·贝鲁格特？），《柏拉图》（《名人》系列插页图），约1475年。板面画，101cm×69cm。卢佛尔宫，巴黎。

画室内画（一般现在在卢佛尔宫）中的著名人物包括维多里诺·达·费尔特雷（费德里克的导师）和教皇庇护二世（费德里克的盟友）。

图60 弗朗西斯科·迪·乔吉奥，圣列奥要塞，乌尔比诺近郊，1476～1478年。

弗朗西斯科·迪·乔吉奥成就的丰富性可以通过比较建筑和烛台（内有费德里克的徽章，图64）来了解。这个著名的锡耶纳建筑师在乌尔比诺境内完成了70多座堡垒的设计。

图 61　根特的尤斯提斯，耶稣门徒领圣餐，1472～1474 年。板面画，280cm×310cm。国立标识艺廊，乌尔比诺。

巴蒂思塔和襁褓中的圭多巴多细部。

费德里克赞助艺术的黄金时期开始之日，正是他的头号劲敌、自 1432 年来一直统治着里米尼的西吉斯蒙多·马拉特斯塔（1417～1468 年）一落千丈之时。从 1444 年，费德里克插手了出售佩萨罗德的事情后［由加列阿佐·马拉特斯塔（Galcazzo Malatesta）卖给费德里克的盟友弗朗西斯科·史佛尔扎］，乌尔比诺和里米尼这两个宿敌之间的关系就恶化到了兵戎相见的地步。这种家族世仇一触即发。当西吉斯蒙多·马拉特斯塔贸然向教皇领地武装挑衅，企图让里米尼脱离教皇庇护二世的掌控时，费德里克受教皇雇佣出兵镇压“背逆的马拉特斯塔家族”及其代表西吉斯蒙多，后者颇为罕见地被教皇宣布应该下地狱。即便在战争期间，费德里克也曾一度同情过西吉斯蒙多：当时西吉斯蒙多出于虚张声势的需要，送给自己的竞争对手一册豪华版的瓦图里欧（Roberto Valturio）军事著作《论战事》（*De Re Militari*，作于 1450 年，出版于 1472 年）。在论及战争艺术的章节中，瓦图里欧称赞西吉斯蒙多是现代王侯将领的榜样，只有他才配和古人平起平坐。后来在费德里克宫殿内部出现了一些描述战争的浮雕装饰，很多就是来自这本书中的木刻版画插图［传为艺术家帕斯提(Matteo de'Pasti)之作］。西吉斯蒙多战败之后，费德里克接收了马拉特斯塔家族占有的大部分领土，乌尔比诺的疆域比以前扩大了三倍。

1464 年，教皇授权费德里克可以将乌尔比诺的统治权承继给自己的嫡子，虽然乌尔比诺的百姓最初不无反对。费德里克的第一任妻子一直没有生育，却拥有几个庶生子女。他的第二任妻子巴蒂思塔·史佛尔扎（佩萨罗的亚历山德罗·史佛尔扎之女）一口气为他生了 8 个女儿后，终于在第九胎为他生下了一个嗣子，这就是圭多巴多（图 61）。几个月后，受雇于佛罗伦萨共和国，费德里克率军镇压了共和国属地沃尔泰拉(Volterra)的叛乱(1472 年 6 月)。为了表示感激之情，佛罗伦萨送给这位雇佣军队长一份厚礼。曼托瓦驻乌尔比诺大使在呈给贡扎加王室的报告中详细记载了佛罗伦萨送给费德里克的一件礼物：“一顶镀金珐琅银盔，据说值 500 达克特金币。盔顶饰有手持棍棒的大力士赫拉克勒斯像，下方为半狮半鹰像和沃尔泰拉人民的武器，两者结合就象征着胜利。”头盔出自佛罗伦萨数一数二的金匠波拉尤奥洛（Antonio del Pollaiuolo）之手。

对费德里克来说，这顶纯银头盔可谓悲喜交加。在一场马上长矛比赛中，他为了显示勇敢而故意揭开了头盔面甲，结果遭到了重创：右眼失明，鼻梁骨粉碎性断裂。这场意外（记载于乔凡尼·珊提的编年史诗中）除了给他留下了永久性的疤痕外，也让他终生悔恨不已。费德里克视之为上帝对他的直接惩罚，惩罚他如此冲动地揭开面甲插上橡树枝，仅仅是为了表达对一位年轻女士的爱，惩罚他用一棵枯萎的树枝诱惑一位年轻的女子。当1458年他的私生子布昂康特（Buonconte）在一场瘟疫中丧生时，费德里克仍然觉得是在为自己年轻时的罪孽赎罪。在一幅描写费德里克征服沃尔泰拉的佛罗伦萨细密画中，费德里克以右脸示人，脸上并无疤痕。但在其他大幅的正式肖像中，他通常还是左脸向着观众，端庄正派。

庆祝费德里克胜利班师的庆典被迫在7月草草提前结束，因为巴蒂思塔在生下圭多巴多之后，就一病不起，不久后悲惨死去。这两件连在一起的事情成为了费德里克委托作品的主题，有的是怀念爱妻，有的是庆祝不久前的军事胜利，而后一种也被费德里克用来纪念已故的妻子。1472年左右，他委托皮耶罗·德拉·弗朗西斯卡创作了一幅自己和妻子的双人肖像画（图62）。这两幅画板油画原来采取的是联画（Diptych）形式（中间装上铰链，可以像书本一样开合），朝外一面画有胸像，朝内一面绘有两幅象征胜利的场景（见图7）。同一个时期的纪念章上也可以看到这种将贵族侧面肖像与寓意象征结合在一起的手法。画上还有出自一位艺术精湛的人文学者之手的题字，这和皮耶罗为里米尼的西吉斯蒙多所作的壁画下端的题字一样，出自同一个人的手笔。

西吉斯蒙多选择站在城堡旁边的肖像，费德里克和巴蒂思塔的侧面像则以一片明亮的风景为背景，暗示着他们的无尽疆域（尽管这不是参考的实景）。风景画中有一座圈以围墙的城市，几艘小船正在宽广而明亮的水面划行，这是典型的范·艾克风格，这一切都和板画反面连绵不绝的大幅风景交相辉映。巴蒂思塔苍白的侧面像——可能是根据她死后的塑像而作——在珍珠光泽的映衬下显示出了她

下页图62 皮耶罗·德拉·弗朗西斯卡，费德里克和巴蒂思塔双联画，约1472年。板面油画，每联47cm×33cm。乌菲兹博物馆，佛罗伦萨。

两幅侧面肖像形成了动人的对比：已逝的巴蒂思塔一头金发，皮肤如瓷器般光滑，费德里克则是一头深色头发，肤色红润；一身华服在丈夫黯淡的红衣映衬之下，显得更加华贵。两人并置，突出了背后令人伤感的信息。巴蒂思塔身后的山谷阴影深重，而费德里克背后的风景则笼罩着拂晓时分的晨光。费德里克选择这种可移动的双联画形式，可能是为了在一个个行宫停留时，能够把亡妻的肖像画带在身边。

上页图63　皮耶罗·德拉·弗朗西斯卡，布瑞拉祭坛画（蒙特菲尔特罗祭坛画），约1472年（佩德罗·贝鲁格特在1476年重新润饰）。板面油画，250cm×170cm。布瑞拉，米兰。

费德里克·达·蒙特菲尔特罗双膝跪地局部。

图64　弗朗西斯科·迪·乔吉奥（据传），烛台，约1476年。镀光铜，高160cm。迪奥西萨罗·阿尔巴尼博物馆，乌尔比诺。

费德里克·达·蒙特菲尔特罗向乌尔比诺教堂敬献了大量的烛台作为复活节礼器。上面饰以象征耶稣复活的图案以及公爵的纹章和骑士荣誉徽章图案。赠送的时间大致应该是公爵决定重建这座教堂的时间：从1476年开始，弗朗西斯科·迪·乔吉奥成为了教堂的建筑师。

的聪明和睿智。她是一个文化修养很高的女人，深受费德里克尊敬。画家描绘费德里克时，遵循着阿尔伯蒂在《画论》所提出的理想：高贵、适宜、谦逊。阿尔伯蒂以画家阿培里兹为例，说他“为安提哥那（Antigonus）画肖像时，只画脸部的一侧而避开了有残疾的那只眼”。皮耶罗·德拉·弗朗西斯卡所画的费德里克肖像正是完全遵循了这个理想的“合宜”。阿尔伯蒂还提到，古代画家“在为有身体缺陷的国王作肖像画时，并不刻意去掩盖缺陷，但会在保持真实性的原则下尽量美化”。皮耶罗·德拉·弗朗西斯卡并不想完全掩饰费德里克脸上的缺陷，因为这将使画面显得更加真实自然。

费德里克和西吉斯蒙多一样意识到了武勇有力、非常逼真的肖像的宣传价值。皮耶罗这幅威武的画像，是准备在费德里克统治期间，供纪念章铸造师及手抄本彩绘师作示范用的。与西吉斯蒙多之间的长期敌对关系似乎产生了影响，费德里克偏好以拘谨的形象出现。这两个人有一些共同之处：都是优秀的雇佣军队长和博学的君王。西吉斯蒙多在当时是最具天赋和最为雄辩的人之一，而他的善变也流露出一种非同寻常的机智敏锐。但另一方面，他喜欢表现自己，遇事易头脑发热，容易冲动，这和费德里克的正直、沉着有很大的不同。根据维斯帕夏诺的描述，费德里克的性格“本质上是易怒的”，不过“多年以后，他设法学会了控制自己，并经常为他的人民解除纷争”。他对条理清楚和卫生洁净等的讲究可以从一册详细记载了家臣职务和结构的特殊清单中看出来。后来，彭达诺在《论谨慎》（*De Prudentia*，约1499年）一文中，特别指出他过着谨慎的生活，不愧是世人的榜样。

皮耶罗·德拉·弗朗西斯卡在1472年左右为费德里克创作的另外一幅肖像画，可能采用了同一个草图，出现在称之为布瑞拉祭坛画上面（见图48）。这幅祭坛画后来被挂在费德里克陵寝的圣·勃拉蒂洛（San Bernardino）教堂中（弗朗西斯卡·迪·乔凡尼在公爵去世之后开始建造）。它也可能是一幅最重要的祭献作品，纪念了费德里克在沃尔泰拉的胜利。圣母庄严地坐在中间的祭台上，圣婴躺在她的腿上。圣母华贵的织锦长袍和得体的头巾让她看上去就像巴蒂思塔。事实上，圣母头饰上面原来有一颗珍珠，与乌菲兹（Uffizi）双联画中巴蒂思塔头上的佩饰几乎没什么两样，很可能是画室的道具。圣母背后的天使饰以华丽的珠宝，皮耶罗以此来展现他的油画技法。费德里克则出现在前景中，他穿着闪亮的盔甲，跪在地上，剑别在腰侧（图 63）。他的头盔（闪闪反光）、护手、指挥杖等都放在旁边的地上，这样他就可以光着头合掌祈祷。在圣母头顶上，后殿上方有一个扇贝形状的装饰，里面用细绳悬挂着一个大而白的鸵鸟蛋。蛋的外表光滑，但没有光泽，显示皮耶罗喜欢将反光与不反光的表面进行对比。

这件作品充满着微妙的象征与暗喻。费德里克跪在他的守护圣徒约翰（saint John the Evangelist）跟前，约翰手中的书本正好与他的头部在同一条水平线上——这是文武结合的象征。费德里克对面站着巴蒂思塔的守护圣徒受洗者约翰（St.John the Baptist），其他圣徒还有圣杰洛姆（St. Jerome）、圣方济（St. Francs）、殉教的圣彼得（St. Peter Martyr），以及圣伯纳迪诺（St. Bernardino，于 1450 年追谥为圣徒）。鸵鸟蛋的含义众说纷纭，不过很可能是作者在巧妙地联结宗教和世俗的双重含义，以与作品的双重背景保持一致的又一个例子。鸵鸟是费德里克的个人徽章，而鸵鸟蛋则是教堂常见的装饰。由公爵捐献给教堂的一座烛台的装饰图案上——可能是弗朗西斯卡 · 迪 · 乔凡尼的作品（图 64），底部围绕着费德里克的个人标志（包括鸵鸟和炮弹）——体现了宗教与世俗的结合。

皮耶罗 · 德拉 · 弗朗西斯卡受雇于乌尔比诺宫廷的主要时期从 15 世纪 70 年代初开始，尽管他之前可能已经开始定期为费德里克效劳了。瓦萨里提到，弗朗西斯卡在乌尔比诺创作了“许多画有极其美丽的人像的油画”，这些画的多数都在“这个城邦的多次战乱期间受损”。著名的《鞭笞基督》（*Flagellation of Christ*，图 65），约作于 15 世纪 50 年代晚期或者 60 年代中期，可能是这类作品的惟一留存。由于无法找到这幅画作的原创背景，无法确定赞助人的身份，要弄清楚其中的意义还有待进

图65 皮耶罗·德拉·弗朗西斯卡，《鞭笞基督》，15世纪50年代末至15世纪60年代中期。板面油画和蛋彩画，58.4cm×81.5cm。国立标识艺廊，乌尔比诺。

这幅供默想用的小像除了复杂的图案外，更加引人注目的是对建筑布置异常精确的表现。圣经中记载的这件事情发生在彼拉多在耶路撒冷的衙署内，耶稣被鞭笞时身旁的圆柱，可能是城里标着地球中心点的哈德良太阳圆柱（Hardrianic sun column）。如果根据画中的透视法还原，把彼拉多的衙署转化成为真实的建筑，圆柱就会坐落在斑岩所铺成的正圆形中央，四周则是有着几何图案的罗马地砖。室内圣地和室外深邃庭院的分野通过超自然光和真实光线来强调。

一步的研究。

一种旧的看法认为，位于画面前景的三个人物代表的是欧丹东尼奥及两个和他一起被杀死的奸臣（站在欧丹东尼奥两边）——这两人是西吉斯蒙多的代言人，这个说法至今仍备受争议。另一种解释是根据原来题在画框上、现在已经不见了的拉丁文题字 *CONVENERUNT INU NUM*。这几个字出自《圣经·诗篇》第二篇："世上的君主一齐起来，臣子一同商议，反对耶稣和他的受膏者……"作者大卫接着在诗中劝这些君王（"你们世上的审判官"）应该清醒接受指引。这幅画可能包含了诗中所兼备的新约、旧约两层含义。大卫这首诗被解释成一种预见耶稣将被人谋害的预言，而画中前景那三个人可能是希律（Herod）、彼拉多（Pontius Pilate），以及先知大卫（the prophet David）。这首诗还有另外一种解释，即对十字军的规劝，而画中鞭打耶稣的场面可能是暗喻土耳其当时给教会带来的灾难。

史料记载，皮耶罗首次访问乌尔比诺的时间是1469

年春天。当时他是应艺术家珊提之邀并由他支付全部费用，而不是应宫廷之命。珊提受明道圣体会（Corpus Domini）的请求，答应帮他们找一位画家来完成一幅祭坛画，这幅祭坛画由佛罗伦萨艺术家乌切罗（Paolo Uccello）开始，并在1468年完成了几幅底座。皮耶罗没有接受这项委任，最终是由根特的尤斯提斯完成了主要的板画（1472～1474年）。画面内容很传统："最后的晚餐"成为了耶稣门徒领圣餐仪式。出于对费德里克在这个工程上的慷慨资助的感激，画家将费德里克、两位重要的朝臣（其中一位是乌巴迪尼）、已故的巴蒂思塔以及襁褓中的圭多巴多都囊括入画。费德里克手指一位盛装的犹太人，其身份已被认出是波斯国王的大使以撒（Isaac）。后来改信天主教的以撒在1472年来到乌尔比诺劝说费德里克带领十字军攻打土耳其人时，在当地引起了很大的骚动。尤斯提斯将这一段故事安排在一座罗马式建筑的阴暗室内并赋予建筑以宗教象征意义，使用的是典型的佛兰德斯手法（图66）。

在这幅祭坛画完成之时，费德里克正好达到了他一生成功的巅峰。1474年，教皇西斯笃四世在罗马主持的一项盛大庆典上任命费德里克为乌尔比诺公爵，同时任命他

图66 根特的尤斯提斯，《耶稣门徒领圣餐》，1472～1474年。板面画，280cm×310cm。国立标识艺廊，乌尔比诺。

这幅画奇特地混融了意大利和佛兰德斯风格、技法与形象。穿着锦缎的人物被认为是转皈天主教的犹太人以撒，其五官酷似卢维思（Louvain）画家宝兹笔下的《圣经·旧约》人物。

图67 佩德罗·贝鲁格特,《费德里克·达·蒙特菲尔特罗及其幼子圭多巴多肖像》,约1472～1474年。板面画,130cm×75.5cm。国立标识艺廊,乌尔比诺。

为教皇军队的指挥官(*gonfalonierè*)。就在同一年,稍晚一些他又获得了两个名望卓著的国际荣誉:英王爱德华四世(Edward Ⅳ of England)颁发的布加尔特骑士团勋章和那不勒斯的费南特颁发的艾尔米内骑士团勋章。至此,费德里克终于可以为世人对自己的认可而感到心满意足了,现在就只剩下让自己的儿子来延续蒙特菲尔特罗王朝的光荣了。铭记新头衔和荣誉的铭文遍布宫廷各处,而其中最为常见的就是*FED. DUX.*(费德里克公爵的拉丁文的缩写)。在一幅一直以为出自根特的尤斯提斯之手,而现在断定为佩德罗·贝鲁格特所作的官方肖像画中,费德里克流露除了一种属于王侯的自信(图67)。

画中的公爵正在认真地阅读圣经,身穿盔甲,腰佩宝剑。他高贵而不完整的侧面形象本身便是坚毅的象征:乔凡尼·彭达诺提到,费德里克不时会拿自己的外表开开玩笑,这说明他有足够的勇气。身为基督信仰的卫道者,费德里克片刻也不敢懈怠,即使在潜心于学术研究时也要时时怵惕。代表荣耀的加尔特骑士团和埃尔米内骑士团勋章,展示在最显眼的地方。一顶镶嵌珍珠的帽子放在读经台上,这可能是波斯国王大使(the ambassador of the Shah of Persia)送给费德里克的礼物。这顶华丽的帽子暗示费德里克在波斯国王号召下组成的国际十字军中充当的重要角色。一个幼童倚靠在费德里克衣物覆盖着的安稳而坚强的右膝上,那是他的嫡子圭多巴多,后者手中拿着的笏,象征蒙特菲尔特罗王朝生生不息的传承。笏上镌刻着*Pontifex*(教皇)的字样,暗示继承权得到了教皇的认可。正如在工作室中的众多名人已经成为了费德里克的道德和学识导师一样(半数以上的画上题字提到了费德里克的感激),在身穿光芒四射的礼袍的小圭多巴多面前,活生生的榜样就是站在自己身边的父亲。

1512年,公爵死后30年,圭多巴多的养子暨继承人法兰西斯西亚·马利亚·德拉·罗维利(Francescio Maria della Rovere)命人撬开了费德里克的灵柩。罗维利的秘书乌尔巴尼(Urbano Urbani)向罗维利报告说,他曾反复努力,试图从费德里克身上拔下几根胸毛,但却发现它们坚固不已。罗维利得不到这些"遗物",他叹息道:"为什么我不早一代出生,那样我就可以亲自从这么一位好榜样身上学习到一些有益的东西了!"

LIBRO PRIMO DELLA HISTORIA DELLE COSE FACTE DALLO INVICTISSIMO DVCA FRANCESCO SFORZA SCRIPTA IN LATINO DA GIOVANNI SIMONETTA ET TRADOCTA IN LINGVA FIORENTINA DA CHRISTOPHORO LANDINO FIORENTINO.

NE TEMPI CHE LA REGINA GIOVANNA SE
conda figliuola di Carlo Re regnaua: perche era suc
ceduta nel regno Neapolitano a Latislao Re suo fra
tello: elquale parti di uita sanza figliuoli: Alphonso
Re daragona con grande armata mouendo di Cata
logna uenne in Sicilia: Isola di suo Imperio. La cui
uenuta excito gli huomini del Neapolitano regno a
uarii fauori: & a diuersi consigli: & non con piccoli
mouimenti di quel regno: Impero che Giouāna Regina per molti & uarii
suoi impudichi amori era caduta in sōma infamia. Et desperandosi che lei
femina potessi adempiere lofficio del Re: & administrare tanto regno: fece
asse marito Iacopo di Nerbona Conte di Marcia: elquale per nobilita di san
gue: & belleza di corpo: ne meno per uirtu era tra Principi di Francia excel
lente. Ma accorgendosi in breue che quello desideraua piu essere Re: che
marito: & quella non molto stimaua: mosso da feminile leuita lo rifiuto: &
priuo dogni administratice. Questo fu cagione chel suo regno: elquale per
sua natura e prono alle dissensioni & discordie: arrogendouisi e nō honesti
costumi della Regina: ritorno nelle antiche factioni & partialita; & comin
cio ogni giorno piu a fluctuare & uacillare. Erano alcuni a quali nō dispia
ceua la signoria della dōna: perche benche il nome fussi in lei: loro niente di
meno comādauono. Altri desiderauano: che Lodouico tertio Duca dangio:
figliuolo di Lodouico e quale era nomato Re di Puglia: & di uiolante: nata
della Reale stirpe daragonia: fussi adoptato dalla Regina. Costui poco auāti
ne conforti di Martino tertio sōmo Pontefice: & di Sforza Attendolo excel
lentissimo Duca in militare disciplina: & padre di Francesco sforza de cui
egregii facti habbiamo a scriuere era uenuto a liti di Campagna: Et cōgiun
tosi Sforza: hauea mosso guerra alla Regina. Ma quegli che repugnauano
a Lodouicho: metteuano ogni industria: che Alphonso fussi adoptato in fi
gliuolo della Reina: accio che in Napoli fussi tal Re: che con le sue forze cō
di mare & di terra potessi resistere alla possa de Franciosi. Adunque in cosi
uehemēte contentione de baroni: & piu huomini del regno: Alphonso chia
mato dalla Reina in herede & compagno del regno: diuēne nō solo illustre:
ma anchora horribile: Et el nome Catelano elquale insino a quegli tempi
nō era molto noto & celebre se non a popoli maritimi: ma inuiso & odioso:
comincio a crescere: & farsi chiaro. Ma & da Lodouico & da Sforza tanto
ogni giorno piu erono oppressi: el Re & la Regina: che diffidādosi nelle pro
prie forze: conduxono Braccio Perugino: el quale era el secondo Capitano
di militia in Italia in quegli tēpi cō molte honoreuoli cōditioni: & maxime

第四章

地方传统与外来专家："摩尔人"鲁多维克统治下的米兰和帕维亚

图68 乔凡·皮特罗·毕拉勾，西莫内塔所著《史佛尔扎》卷头画，1490年。国立图书馆，巴黎。

这幅精美的卷头画是鲁多维克送给侄子姜－加列阿佐·史佛尔扎的礼物，因此特别强调自己对他的照顾。在右边的花边中，"摩尔人"（象征鲁多维克）从桑树中露出脸来，拥抱着一棵小树（象征姜－加列阿佐）。他们的名字的字首*IOG*和*L*也交缠在一起（左上角）。两人的肖像在页脚出现，鲁多维克正在宣传贤能政府的美德；他们后面，鲁多维克的守护圣者路易(Louis)正在为载有姜－加列阿佐并由摩尔人掌舵的国家之舟祈福。

大约在1482年，莱昂纳多·达·芬奇离开佛罗伦萨，放弃了当地圣路加公会（Guild of St. Luke）画家的身份，前往更大一些的米兰宫廷碰运气。依据他早年的一部传记，达·芬奇是由洛伦佐·德·美第奇选派，去给巴利公爵（Duke of Bari）、米兰的摄政鲁多维克·史佛尔扎（1480～1508年间在位）送一把银制七弦琴的，因为达·芬奇非常擅长弹奏七弦琴。与达·芬奇同行的，还有他的学生、年轻的音乐家、歌手和演员阿塔兰特·米列欧罗迪（Atalantc Migliorotti）。在米兰停留期间，达·芬奇给鲁多维克呈上了一封非同寻常的自荐信，列举了能为鲁多维克效劳之处，并特别强调自己在军事工程方面的才能。这封出自他人之手的自荐信，约完成于1485～1486年间，从中可看出达·芬奇对一个军人宫廷所看重的东西的理解，另一方面也可看出，深受佛罗伦萨经验的影响，达·芬奇并不了解宫廷用人的实际情况和他的理解之间的偏差。实际的情形是，很少有人能够通过这种单刀直入的方式谋得宫中的职位。

达·芬奇在信中表示，自己会设计可移动的桥梁、密闭式的走道和梯子、攻城器械、可以让敌人"心惊肉跳、六神无主"的迫击炮、船舰、坚不可摧的篷盖战车、石弓、投石机，"以及各种功效奇佳的器械"。他在米兰期间设计完成的这些天才武器，其中很多草图都留存至今（图69），虽然目前并不清楚它们在多大程度上为鲁多维克所使用。在信尾，达·芬奇补充道："在和平时代，我自信我能提供建筑方面的服务，无论公共建筑或私人建筑，皆能令您满意，绝不逊于任何人……雕塑方面，无论是以大理石、青铜，还是黏土为材料，鄙人都很在行，也能画出任何

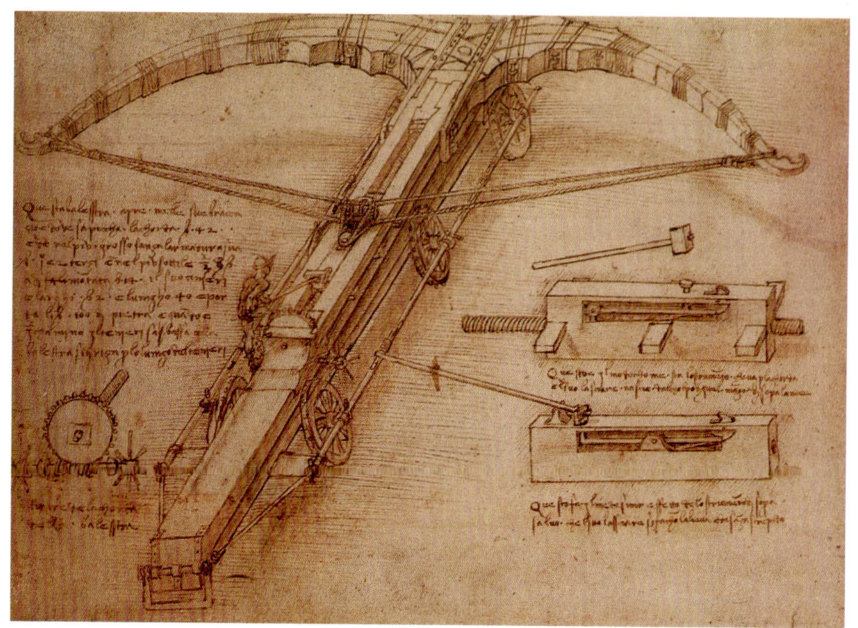

图69　达·芬奇，《发射型武器设计图》，约1487～1490年。20.3cm×27.5cm。安布洛兹图书馆，米兰。

一次可发射“一百磅石头”的巨大石弓正在利用杠杆原理发射。另一个方法则是以木槌敲击弦上的扳机（图左）。

东西、任何人。”在最后，达·芬奇还给出了一项明确的建议：“又及，这尊青铜马应可马上付诸实施，当可颂扬令尊之丰功伟绩、赞美史佛尔扎王室之荣耀，使他们得以名垂青史、万古流芳。”

初抵米兰，达·芬奇想必一定会为共和制的佛罗伦萨与史佛尔扎家族统治下的米兰之间的巨大文化差异而震惊不已。虽然是一个重要的贸易和工业中心，但米兰的特色主要反映了军人的气魄和贵族的雄心，而较少受商业行为影响。就政治地缘关系而言，米兰与阿尔卑斯山以北的法国、德国交往频繁，正如佛罗伦萨与波河流域（Po Valley）以南其他意大利城市之间的关系一样。史佛尔扎所采用的徽章，和在他们之前统治米兰的维斯康提家族一样，不仅仅是为了炫耀他们继承的丰富的伦巴第遗产，更是为了吹嘘自己和德国皇帝以及英国、法国宫廷的深厚渊源。加列阿佐·维斯康提二世（Galeazzo II Visconti，？～1378年）娶萨伏依（盘踞在阿尔卑斯山山区）男爵阿马迪欧六世（Amadeo VI）的妹妹为妻。英法两国的骑士文化原已由萨伏依渗入伦巴第，而自从加列阿佐的子女不断与英法王室联姻之后，宫廷文化和意识形态的烙印更加深刻。加列阿佐的后任，姜-加列阿佐（Giangaleazzo，？～1402 年）有着非常强烈的开疆拓土的野心，若非英年早逝，他完全可能最终统一整个意大利半岛。

虽然佛罗伦萨和米兰的艺术和庆典仪式都以追求“壮丽”为能事，但两者规模相差悬殊，风格也截然不同。1471 年举行的一场盛会明显表明了这一分野：鲁多维克的哥哥，也就是前任的米兰君王加列阿佐·马利亚公爵（Galeazzo Maria，1444～1476 年）率部浩浩荡荡来到佛罗伦萨，随行的妻子萨伏依的勃娜（Bona）是法国国王的嫂子。1250 名盛装的朝臣，上千匹披挂整齐、以红白相间（史佛尔扎家族的颜色）的天鹅绒马衣为饰并佩戴着金银马饰的骏马……这队让人目炫的人马沿着佛罗伦萨城蜿蜒而行，来到了圣告教堂（Church of Santissima Annunziata）。这次壮观的游行估计花了 20 万达克特金币，远超在佛罗伦萨举行的各种典庆仪式的花费，被认为是铺张浪费和史佛尔扎家族可怕的专制势力的证明。

而在国内，米兰拥有的雄厚物质财富和对祭仪饰品功能的坚信，使得它们豢养了大批官僚体系的朝臣和政府官员，以及招自各地的训练有素的工匠，他们人数都非常庞大。和意大利其他北方宫廷相比，史佛尔扎宫廷的核心更加复杂，更不用说与共和制的佛罗伦萨相比了。到鲁多维克时代，官僚机器运转更加圆熟：书记被赋予自主权，分掌法律、宗教事务和外交、财务等几个重要部门。照理说，这些部门的人事任免以及日常事务的运作应操纵在这些主管手中，但事实并非如此，公爵能够并经常凭自己的意思插手干预。宫廷的势力远超过公爵的宅邸以及宫廷附属建筑所圈定的有形范围。一些附属的城镇和地区都是政府官僚网络的延伸之处，因为公爵会向这些地方派驻地方行政首长以及其他高官。地方贵族拥有自己的宫殿，不少人都对艺术不遗余力地进行赞助。例如诗人加斯帕尔·维斯康提（Gaspare Visconti）便委托伯拉孟特为他的住宅创作巨大的“武人”像壁画。

宫廷充斥着来自伦巴第地区的艺匠、石匠（全意大利最好的）、建筑师兼工程师。伦巴第同时积极并大量购买地方艺匠们生产的各种豪华手工艺品，包括购买城市著名的武器生产商的精美铠甲和米兰出品的奢华丝绸锦

图70　祭坛布饰，15世纪晚期。染色丝、金线、银钱，90cm×250cm。波尔弟·培佐利博物馆，米兰。

这块丝织品的图案精美，描写一只鹈鹕正在喂哺幼鸟，四周有五个火苗组成并点缀以金银线的火焰，象征圣灵。它原来可能是属于圣母马利亚感恩教堂所有，鲁多维克和比阿特丽斯曾捐献这类豪华的丝织品给教堂。

缎（图70）。鲁多维克既对炫目亮丽的金银珠宝着迷——其喜爱程度只有阿尔卑斯山以北的欧洲宫廷以及那不勒斯王国可堪比拟，同时也深爱优雅的艺术品，如古代贝壳浮雕、雕花玛瑙（carnelian）、图形浮雕、古董钱币、彩绘插图书籍。当1494年美第奇家族失势时，鲁多维克想方设法弄到了由洛伦佐·德·美第奇辛辛苦苦收集起来的所有“宝贵而便携的物什”，以充实自己的珍宝库。

15世纪90年代早期，鲁多维克·史佛尔扎在“小岩石”城堡（史佛尔扎城堡，Castello Sforzesco）的入口处添绘了一幅表现神话人物百眼巨人阿耳戈斯（Argus，图71）的壁画。这幅被认为主要是由伯拉孟特但也得到了米兰同事布拉曼提诺（Bramantino）帮助而完成的壁画，最直截了当地呈现了史佛尔扎家族雄厚的财力。以夸张的透视缩短法表现的阿耳戈斯站在一处长廊的顶端，手持棍棒，负责看管公爵宝库；下方有一个模仿青铜的浮雕（*bronzo finto*）的单色图案，图案内有一位君王，正在监督手下称金子的情形。根据一个较为粗陋版本的奥维德（Ovid）神话记载，阿耳戈斯被盗贼的守护神墨丘利（Mercury）斩首，但壁画的情节却让阿耳戈斯以胜利者的姿态出现。阿耳戈斯的右手隐约可看到青蛇盘绕的墨丘利权杖，而这正是史佛尔扎之前的维斯康提家族纹章的图案。

这件壁画说明了鲁多维克所赞助的艺术的几个重点。首先是结合古典与帝国的意象来突出史佛尔扎的理念。其次是强调风格的延续统一：伯拉孟特的这件作品除了具有壮烈、仿古等个人特色之外，也融入了当时备受宫廷宠爱的艺术家们的风格，如维琴佐·佛帕绘画的帕多瓦（Paduan）－费拉拉元素，克里斯多福罗（Cristoforo）和安东尼奥·曼特加扎（Antonio Mantegazza）雕塑棱角分明的矫饰主义风格。再次，则是利用图像来强调史佛尔扎家族与前维斯康提家族统治的一致性（当时的政治自觉）。阿耳戈斯壁画也揭露了史佛尔扎艺术策略的另一个特色：请外乡人（*stranieri*）将他们的绝活传授给地方上的

图 71 伯拉孟特和布拉曼提诺，《阿耳戈斯》，1490 ~ 1493 年。壁画，史佛尔扎城堡，宝库房，米兰。阿耳戈斯的脸部在鲁多维克当政期间进行拱顶顶棚维修时受损。

艺术家，或者相反。合作是最佳的学习方法，而这对伦巴第的大师们来说已经是与生俱来的习惯。阿耳戈斯壁画就是由乌尔比诺的伯拉孟特——画家、工程师、建筑师并擅长于透视法和幻觉技术的艺术家——和当地画家布拉曼提诺合作完成的，后者之后还写了论述透视法的文章。这种合作模式并非宫廷专有。达·芬奇在米兰得到的第一份订件，就是来自无玷受孕会（或译圣灵感孕会，Confraternity of the Immaculate Conception，1483 年），合同就规定他要与米兰兄弟伊凡杰利斯塔（Evangelista）、安布罗基奥·达·普瑞迪斯两兄弟合作（后者是鲁多维克的宫廷画师）。

米兰艺术界与王室和贵族一样非常重视血缘关系。许多地方艺术家和朝臣之所以能在宫中谋得职位，全因为他们的父亲或者亲属曾为宫廷效命。索拉利家族（the Solari，包括外戚）培养出了史佛尔扎王朝时代的大多数建筑师和雕刻师，并且垄断了几乎所有的大型建筑工程。他们将工程发包给其他工匠，负责将石材从一处运往另一处[主要是从教堂搬到帕维亚的夏特赫修道院（Certosa），偶尔也来自史佛尔扎城堡]，兼营铸陶和雕刻，赚取可观的利润；根据相关资料，他们将大半的收入投资于羊毛业。需要签订工程合同的消息，往往会率先为索拉利家族所获悉并在内部不胫而走。如在奎尼佛特·索拉利（Guiniforte Solari）承袭父亲乔凡尼（Giovanni）成为主教堂和夏特赫修道院建筑师之后，听说夏特赫修道院需要委托制作一个新的雕塑正立面后（1473 年），马上向他未来的女婿阿马迪欧通风报信。听到消息后的阿马迪欧赶忙来找他的姻亲帕拉奇（Lazzaro Palazzi）、多西布欧诺（Giovanni Giacomo Dolcebuono）以及其他杰出的工匠组成了一个利益共享的小组参与投标。

对于大型的政府或宫廷委托，艺术家们往往组织成公会共同参与激烈的竞标。正因如此，鲁多维克接受达·芬奇的自荐，聘请达·芬奇为自己的父亲修复雄心勃勃的骑马纪念像一事，多少有点不寻常。鲁多维克可能对达·芬奇为他的情妇西西丽娅·佳蕾拉妮（Cecilia Gallerani）16 岁时所作的肖像画佳作（图 72）非常熟悉。而达·芬奇的另一幅画，即为无玷受孕会所作的祭坛画《岩窟中的圣母》（*Virgin of the Rocks*）则早已以其明暗对比法（*chiaroscuro*）

图 72 达 · 芬奇，《仕女与白貂》，又名《西西丽娅 · 佳蕾拉妮》，约 1483 ~ 1485 年。板面油画，53.4cm×39.3cm。加陀里斯基博物馆，克拉科夫，波兰。

鲁多维克的情妇佳蕾拉妮——史佛尔扎宫廷一位高阶财政官暨贵族的女儿——是一位才华横溢的作家，对艺术、文学、哲学、音乐颇多赞助。达 · 芬奇创作的这幅肖像画被佳蕾拉妮形容为“无与伦比”，为宫廷仕女肖像画树立了令人惊奇的新典范。伊莎贝拉 · 德 · 以斯帖曾向佳蕾拉妮借这幅画（显然是因为听闻这幅画优美无比），尽管佳蕾拉妮一再客气地告诉她说画中的形象远较本人年轻，与本人并不完全相像。这幅画一反传统肖像画体现僵硬侧面的造型方式，画中佳蕾拉妮优雅地转向左方，整张脸和颈部以及肩部的曲线全部一览无遗。她优美的手部十分显眼，手指修长纤细，正在轻抚一头白貂（白貂的希腊文为 *gale*，与她的姓 Gallerani 谐音），为画面增添了几分情欲色彩。

和晕图法（*sfumato*），而深深打动了米兰地区人士。鲁多维克甚至可能向教会买下了这幅祭坛画，把它作为外加礼物送给马克西米连皇帝（the Emperor Maximilian）。不过，有关达 · 芬奇雕刻和工艺方面的造诣，几乎没有任何具体的证据。

鲁多维克在 1484 年初与洛伦佐 · 德 · 美第奇的通信说明，当时他非常想雇用几位知名度甚高的青铜艺术家来铸造这尊青铜纪念像。他的第一封信就直白地央请洛伦佐派几位雕塑家来米兰。当时资历最为合适的艺术家之一是达 · 芬奇的老师维罗奇奥（Andrea del Verrocchio），其时他正在威尼斯为佣兵队长科雷欧尼（Bartolomeo Colleoni，史佛尔扎的死对头）制作骑马纪念像；另外一个是波拉尤奥洛，他在不久之后也接受了一项为教皇西斯笃四世制作青铜陵墓的委托。在无法得到这两个艺术家保证服务的承诺后，鲁多维克可能认为曾经参与科雷欧尼骑马纪念像制作的达·芬奇是次佳人选。不过，鲁多维克后来似乎有些怀疑自己当初是否应该将如此庞大的计划仅交一人来执行。

这尊骑马纪念像是用来纪念史佛尔扎王朝的创始者、伟大的雇佣军队长弗朗西斯科·史佛尔扎（1450～1466年间在位）的，他在菲利波·马利亚·维斯康提去世（1447年）以及短命的安布洛斯共和国（Ambrosian republish）瓦解之后掌权。最初他在这个公国的地位并不稳固（他娶菲利波·马利亚·维斯康提的独生女为妻，但由于她是个私生子，没有公国的合法继承权），不过，借着强大的军事力量和灵活的政治手腕，他巩固了自己的地位。弗朗西斯科·史佛尔扎并无贵族血统——他的父亲采用“史佛尔扎”（意为力量）这个姓，目的就是为了显示这个家族的军事专长，但凭着自己的努力，他终于成为了意大利境内势力强大、财力雄厚的公爵。他将昔日的战友拉拢在自己周围，在意大利半岛上建立了一个政治与军事同盟，并与妻子共同建立了一个受人敬仰的政府。正是为他，佛罗伦萨建筑师菲拉雷特（Filarete）曾创造出一个奇幻的理想城市“史佛尔扎”城堡（图73）。

在弗朗西斯科死后第二年，为他立一尊骑马纪念像的构想就由他的儿子，崇尚奢华、挥霍无度的加列阿佐·马利亚·史佛尔扎公爵——同时也是一位重要的艺术赞助者，对音乐尤为着力——提出来。1437年11月，主管公国工程的官员盖迪欧（Bartolomeo Gadio）奉命在公国境内寻觅一位艺术家来完成这件真人般大小的青铜像，但他走访所有地方上的人才，却找不到一位曾创作过青铜像的艺术家，于是又奉命到全国各地寻找。加列阿佐·马利亚以立像的方式纪念史佛尔扎家族首任公爵，也有自己的目的：皇帝腓特烈三世（Emperor Frederick Ⅲ）尚未承认史佛尔扎家族的合法统治权，尽管加列阿佐·马利亚愿意以30万达克特金币的代价来换取这个王位。后来加列阿佐·马利亚遇刺身亡，这项计划亦胎死腹中，直到1480年才在他弟弟鲁多维克手中死灰复燃。

图73 菲拉雷特，史佛尔扎城堡，摘自《建筑论》，1461～1462年。国立图书馆，佛罗伦萨。

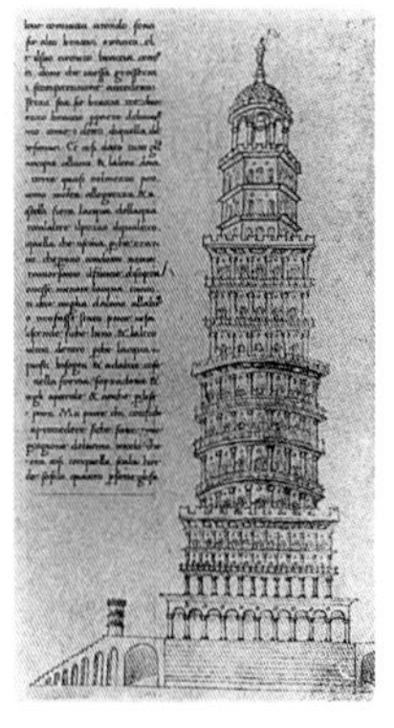

加列阿佐·马利亚遇刺后，他的妻子萨伏依的勃娜独揽大权，直至其子姜－加列阿佐·史佛尔扎长大成人。

但是加列阿佐·史佛尔扎的兄弟个个心怀不轨。1479年，鲁多维克与不久之后逝世的史佛尔扎·马利亚（Sforza Maria）从勃娜手中夺权。1480年，鲁多维克宣布成为米兰及其领地的摄政，名义上代理年幼的姜－加列阿佐行使权力。鲁多维克恢复骑马纪念像的计划，有其政治背景，他的目的就是以弗朗西斯科之子的身份与身为孙子的姜－加列阿佐相抗衡，以便接掌米兰公国。鲁多维克还在1482年出版了西莫内塔（Giovanni Simonetta）在加列阿佐·马利亚当政期间为弗朗西斯科所写的拉丁文传记《史佛尔扎》（*Sforziada*），共发行了数百册。这位新摄政王接受的是人文教育，而不是一位军人。在这座象征强大的史佛尔扎家族的骑马纪念像庇护之下，鲁多维克相信自己可以通过外交渠道和机敏来斡旋国外政权。

图74 波拉尤奥洛，《弗朗西斯科·史佛尔扎纪念像草图》，约1489年。墨水笔渲染，20.8cm×21.7cm。国立图书馆，慕尼黑。

波拉尤奥洛的设计草图中有一匹抬起前脚的马和一位落马的士兵（用来支撑马的前脚）。被践踏的士兵不无夸张地摆出了复杂的动作，头往后仰，一只脚则向前伸到雕像的底座。

在1485～1486年间提交自荐信之后不久，达·芬奇便可能开始构思史佛尔扎纪念像的草图。起初的设计是这样的：马匹举起前脚，身体后仰，脚下是倒地的敌人，这个造型气势磅礴，但在铸造青铜的阶段，将会遇到难以克服的技术难题。工程进展过程中，青铜雕像计划从真人般大小演变成硕大无比的巨像：鲁多维克所构想的雕像，高逾7米，重约72000公斤，同时技术难题也越来越棘手。1489年以前，鲁多维克便已委托达·芬奇制作一个模型，但另一方面，对于如此复杂的设计能否顺利铸造出来，或者仅交付一人独立完成设计是否妥当，公爵似乎也疑虑重重。这种态度正好与达·芬奇的心态形成对比：受到佛罗伦萨文化的熏陶，达·芬奇坚信艺术是个人的精心杰作。因此，洛伦佐·德·美第奇收到了一封冒失的来信，信中提到由于鲁多维克需要的是“上乘之作”，因此加派一两位“适合这项工作”的艺术家到米兰可能会更令他高兴。波拉尤奥洛曾为这尊纪念像画的两幅草图（图74），可能便作于此时。不过，到了1490年，达·芬奇又重新构想，

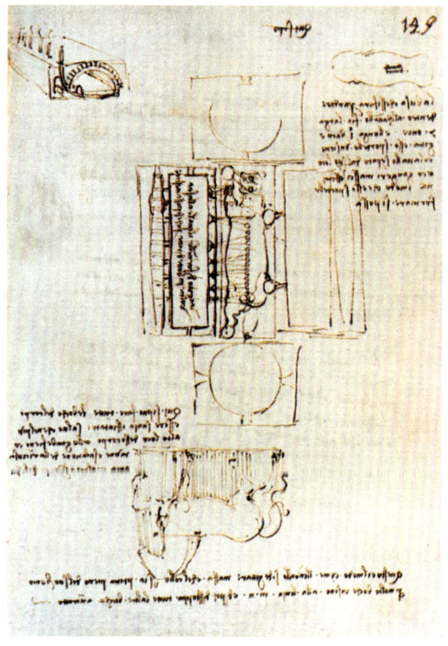

这一次以米兰的次级城市帕维亚的一尊古代骑马塑像为蓝本。达·芬奇被这尊雕像的精彩动感所吸引，称其“奔放如同脱缰之马”。

达·芬奇充分从古代伦巴第作品中获取灵感，同时又细细观察他的主要米兰赞助者——包括鲁多维克的军事将领暨未来女婿珊西维利诺（Galeazzo Sanseverino），以及另一位在史佛尔扎宫廷担任高官的贵族圭史卡蒂（Mariolo de' Guiscardi，其豪宅由达·芬奇设计）——所圈养的马匹。不久，巨大的纪念像黏土模型完成。1493年11月，鲁多维克的侄女嫁给马克西米连皇帝时，这个模型还摆在达·芬奇位于维克亚宫（Corte Vecchia）的工作室内。此时，铜范（mould）已准备就绪，窑炉的草图也已经绘制（图75），模型甚至都完成了装箱准备搬运。一年后，原来计划用来供达·芬奇铸造纪念像的青铜，却被费拉拉的公爵埃尔科利·以斯帖挪用来赶制大炮。因此，骑马纪念像铸造计划搁浅，也没有能够按照原计划竖立在史佛尔扎城堡城门对面的三角堡上。1495年，鲁多维克向威尼斯贷款5万达克特金币，被迫拿出值15万——足足有三倍之多——的珠宝作为抵押。1479年，达·芬奇因铜马纪念像进度的“延后”而心灰意冷。一封抱怨资金短缺的信，透露出此时的达·芬奇并不是固定领取薪水的公爵家族圈子里的人，而只是按照工作得到报酬。

图75 达·芬奇，史佛尔扎铜马塑像窑炉草图，约1493年。国立图书馆，马德里，西班牙。

达·芬奇日记上的这页速写图，是描写由上往下仰视的窑炉的构造：中央为外范（我们所看到的，是马的下腹部），四周为两个方形及圆形窑炉。这页笔记的下方还记下了铸造铜马的方法：马匹倒放，青铜熔液从管子流入外范与内范之间的空隙。

1497年左右，达·芬奇又为他的一位赞助者或高官友人草拟了一封非比寻常的信并合署了名字。这是一封写给正在计划为教堂打造铜门、隶属米兰的皮亚琴察（Piacenza）建设委员会的信。此时的达·芬奇已经对如何在市政府或公国获得订件的情形有所了解。这封信反映出达·芬奇对宫廷偶尔施及的恩泽颇感失望，同时也对过分依赖“粗糙拙劣”的地方艺匠而感到失望。争先恐后的竞聘者未能受雇，因为他们没有受过铸铜的专业训练。“这是一位陶艺师，这是专门做胸甲的，那是铸钟的，那位是敲钟的，甚至有一位炮手。”更糟糕的是，其中一位竞聘者是公爵的手下，他一直吹嘘自己经常和公爵的一位近臣闲聊而能得到特别眷顾。而达·芬奇本人之所以受到认可，则是因为他是一位“为公爵铸造铜马”的佛罗伦萨艺术家。达·芬奇现在终于明白，原来艺术家本人的优点和声誉并非一直最为重要。

尽管达·芬奇此时并没有得到多少公爵们的重要订件，但显然其他宫廷人士十分看重并争相雇用他。达·芬奇擅长即兴创作和演奏音乐，他似乎也在找寻类似的机会，即席展示他的艺术才华和学识。卡斯提利昂在《朝臣记》中刻画理想宫廷生活之中的人物时提到，随机应变的能力是最令人赞赏的，诸如机智灵敏、对答如流、不断冒出新的意想不到的逗乐方法等。达·芬奇对此类宫廷娱乐方式非常谙熟，擅长用画面或语言制造笑话、编复杂的寓言、发明新的乐器、出数学难题、设计令人惊异的器械。鲁多维克的宫廷尤其喜爱晦涩幽微的象征以及智力游戏（图76）。达·芬奇曾经设计出一个经典的双关语游戏：句子当中的鲁多维克的别名 *moro* (moor) 影射了五种不同的东西（源自鲁多维克的另一个名字 Mauro，或源自他黝黑的肤色）。在视觉艺术的领域，展示达·芬奇天赋的地方就是协助搭建奇妙的舞台布景。

图 76 乔凡·皮特罗·毕拉勾，西莫内塔所著《史佛尔扎》卷头画，1490 年。国立图书馆，巴黎。

姜－加列阿佐和摩尔人舵手（鲁多维克）在一艘象征国家的船中（局部）。

1490 年 1 月，宫廷诗人贝林西欧尼 (Bernardino Bellincioni) 盛赞达·芬奇为他的诗剧《天堂》(*Paradiso*) 的表演所设计的舞台布景“精彩耀眼，技术高超”。这场豪华的戏剧在史佛尔扎城堡演出，布景有用黄金制成的耀眼星球环绕的行星，是为了庆祝姜－加列阿佐与阿拉贡的伊莎贝拉 (Isabella of Aragon) 的婚礼。第二年，达·芬奇和其他众多艺术家一起又襄赞了另一个盛会，这就是 1491 年 1 月 17 日鲁多维克和比阿特丽斯·德·以斯帖在帕维亚的婚礼。达·芬奇的新奇发明被展示于珊西维利诺的宫中。根据公爵的一位书记官的描述，达·芬奇创作的“精彩的战马……身覆黄金鳞甲，艺术

家还在黄金表面涂上颜料，仿佛孔雀的眼睛”。达·芬奇撰文解释说，孔雀装饰象征着“源于尽忠者的高尚之美”。这场婚礼上流传更久的装饰作品出自两位主要的伦巴第艺术家——伯纳德·泽纳尔(Bernardo Zenale)和伯纳迪诺·布提鲁尼(Bernardino Butinone)：在姜－加列阿佐的指挥下，他们还负责布置了米兰史佛尔扎城堡的“舞厅”(Sala della Balla，婚礼过后一周，比阿特丽斯在此举行了舞会)。

鲁多维克和15岁半的比阿特丽斯成婚以及随之而来的以斯帖和史佛尔扎两大家族的结盟，促成了此一时期艺术制作委托的井喷。自15世纪90年代开始，鲁多维克开始着手一连串重要的工程，主要是要巩固他和维斯康提家族的关系，强调史佛尔扎王朝的自主，并达到与洛伦佐·德·美第奇及其岳父埃尔科利·以斯帖公爵等君王一争高下的目的。两座墓葬教堂成为鲁多维克政治和艺术野心的焦点：一座是位于帕维亚的夏特赫修道院，原计划用来安葬维斯康提家族历代公爵；另一座是圣母马利亚感恩教堂(church of Santa Maria della Grazie)，鲁多维克有意将自己的陵寝设在这里。这两项工程都由卓越的宫廷建筑师、工程师阿马迪欧全权负责。阿马迪欧同时也是一个经验丰富、训练有素的雕刻家，因此他所设计的工程往往实现了华丽的雕塑与建筑结构的有机统一。

鲁多维克的祖先姜－加列阿佐·维斯康提的雄伟陵墓(图77)交由1490年来到米兰的罗马雕刻家、人文主义者和朝臣罗马诺负责。罗马诺曾在乌尔比诺工作过，后来到了费拉拉，成为了比阿特丽斯的一位重要随侍人员。在比阿特丽斯订婚时，罗马诺为活泼聪慧的比阿特丽斯创作的胸像可能曾经作为礼物送给鲁多维克。除了指挥夏特赫修道院的陵墓及其他仿古雕饰工程，他还是一名活跃的演唱家，经常随比阿特丽斯所率领的合唱团到其他宫廷巡回演唱。他丰富的古典艺术知识也派上了用场，君王们在购买古董时经常会找他咨询；希腊化时代的杰作《拉奥孔》(*Laocoön*)出土时，教皇尤里乌斯二世(Pope Julius Ⅱ)请他(连同米开朗琪罗)前来一探究竟；在卡斯提利昂的《朝臣记》一书中，他作为雕刻的代言人进行了辩护。

这些事情毫无疑问显示了鲁多维克无可挑剔的眼光和品位，但是他对政局的判断却并非如此正确。他委托建造陵墓的背后目的是宣告维斯康提－史佛尔扎王朝的一脉相承，借此让史佛尔扎统治合法化。此外，在纪念米兰首任公爵姜－加列阿佐·维斯康提［这个爵位是以1万福洛林币（florins）向温塞斯劳斯国王（Wenceslas）买来的］的同时，鲁多维克也纪念了一下一直附庸于法国的维斯康提王室。姜－加列阿佐·维斯康提的女儿嫁给了法国查理五世国王的儿子，他们的孙子奥尔良（Orléans）公爵登基后立刻宣称米兰归他管辖。也许鲁多维克很快就觉察到了自己的艺术政策的危险，因此陵墓建造并没有按照原先计划的那样成为那样重要的工程。

姜－加列阿佐·维斯康提时代与法国宫廷的亲密接触［他自己娶了法王约翰二世的女儿瓦卢瓦的伊莎贝拉（Isabella of Valois）］对米兰公国的艺术赞助有着深远的影响。他在帕维亚的城堡——由他的父亲加列阿佐二世所建造——采用了法国古堡风格，装点得美轮美奂，虽然他只是一座坚固的御敌建筑。这座城堡里面有一座公园，姜－加列阿佐扩建后面积超过13平方英里，是宫廷里最为赏心悦目的去处。公园里头有成千上万的鹿、雉与野兔，公爵及其随从在此田猎，总能满载而归。在这儿的喷泉、凉亭、林荫大道之间，点缀有各式各样的娱乐设施。姜－

图77 姜－克里斯多福罗·罗马诺，姜－加列阿佐·维斯康提陵墓，1492～1494年。大理石，帕维亚夏特赫修道院，南翼右侧。

这座陵墓的下半段（除了象征名望和胜利的人像之外，这两尊坐姿雕塑作于1562年）由姜－克里斯多福罗·罗马诺负责（名字题在檐板上）。装饰以战利品的壁柱与乌尔比诺公爵的浮雕相似。另外还有一些圆形装饰，内有星座的符号和盾牌，每个盾牌之间以仿古花园相连。陵墓的上半段描写姜－加列阿佐·维斯康提的生平，由布里欧斯科及助手负责。

加列阿佐以帕维亚为宫廷中心（著名的大学和维斯康提图书馆所在地），在公园的边缘地带建造了宏大庄严的夏特赫修道院建筑，并拟在这里修建自己的陵墓。正如一位帕维亚历史学家所记载，姜－加列阿佐已经拥有了所有往后该有的东西，包括“一座供居住的宫殿，一座供运动的公园，以及一座供祈祷的教堂”。夏特赫修道院的宫廷气息甚至渗入了每一个修士使用的小卧室，这些小卧室如同朝臣宅邸一样改建成了设有花园凉廊的房舍。

姜－加列阿佐死后五年，弗朗西斯科·史佛尔扎占据了他位于帕维亚的城堡内的宅邸。米兰乔维亚关（Porta Giovia）的维斯康提家族城堡也被改建为史佛尔扎城堡，这座在菲利普·马利亚·维斯康提时代已经成为统治象征的建筑明显丧失了防范人们的功能，而成为了城市的点缀。姜－加列阿佐在帕维亚的城堡上绘有田猎和长矛比赛场景的老旧壁画得到了细致的修复，借此表达政权的连续性。弗朗西斯科·史佛尔扎急切希望通过一些工程中的主题设计来显示自己对百姓精神生活、社会福利和经济利益的关心，以赢得民心。他委托建筑师菲拉雷特在米兰建造了一所医院，同样还在帕维亚建了一座；另外，他还整治了运河，并以自己和妻子维斯康提的名义捐钱给许多改革派的教会和修道院。他重拾夏特赫修道院建筑工程，赞助了一座新的回廊，并恩准教士继续享有过去的特权，表明了自己政权的合法性及自己的虔诚信仰。与主要由市政府投资的米兰主教堂不同，夏特赫修道院是公爵和教会卓有成效的长期合作的象征。

在弗朗西斯科的儿子加列阿佐·马利亚公爵统治期间，帕维亚成为公爵及王室最为得意的宅邸。经过大修，这座焕然一新的城堡拥有了众多的壁画和一间精美的“镜厅”。“镜厅”特意设置在公爵珍宝库的隔壁，是一个不无炫耀意味的展示场所。这里铺有精致的马赛克瓷砖，彩绘玻璃吊顶上面饰有镏金人像、动物和绿色植物。加列阿佐·马利亚并不否认自己有“贪婪”的恶习（“我已经完全被这种恶习所俘，我已经尽人之所能把它应用在所有的流行形式之中”），同时也非常清楚这种充满世俗与感官的“壮丽”风格，契合他的宫廷之中男男女女的品味，同时也对来访的王侯大使不无诱惑。

在得到加列阿佐·马利亚的准允后，夏特赫修道院的

图 78 夏特赫修道院正面，帕维亚。

修士开始请艺术家为修道院的正立面作雕饰。公爵认为曼特加扎兄弟可以担此重任，修士们则宁愿由阿马迪欧带队。最终的结果，是由竞争的两方各负责正立面的半边。1474 年 2 月下旬，加列阿佐 · 马利亚主持举行了隆重的庆典和游行，将姜 – 加列阿佐 · 维斯康提的遗体迁到了夏特赫修道院。这是惟一一位安葬在这里的公爵。在 1471 年年底，加列阿佐 · 马利亚在重病缠身之时也曾经在遗嘱中提出了在这里建一座辉煌的陵墓建筑的计划。他提出要按照比萨或者佛罗伦萨的施洗堂风格（后者为罗马式的建筑，被认为是古代供奉战神的神殿）建一座大理石教堂作为中心，里面的青铜陵寝气势不能逊色于教皇、皇帝的陵墓。然而，这项雄心勃勃的规划，正如加列阿佐 · 马利亚大多数规模庞大的壁画计划一样，从未付诸实际。在 1476 年被宫廷成员刺杀之后，当晚加列阿佐 · 马利亚就被草草安置在父亲的灵柩内。

1491 年，鲁多维克除了请人为他的曾祖父姜 – 加列阿佐 · 马利亚建造陵墓以外，还决定以一种最为辉煌的方式完成夏特赫修道院的正面。现存建筑的砖结构上面覆盖的是卡拉拉大理石，上面可能还饰有当时最为华美的新古典风情雕饰（图 78）。阿马迪欧全权负责整个工程，多西布欧诺任助手，采用了鲁多维克及先前的弗朗西斯科·史佛尔扎青睐有加的仿古经典造型与装饰风格。紧跟威尼斯和帕多瓦（Padua）的艺术风气，伦巴第的艺术作坊对新潮流的反应相对迟钝；菲拉雷特曾经进行改革，力图让弗朗西斯科·史佛尔扎摈弃“现代的”的哥特风格而采用佛罗伦萨的艺术大师们推崇的古代建筑语汇，但却受到了当地艺匠的百般阻挠。他所设计的精巧的花圈雕塑，原来计划放在重建的史佛尔扎城堡的正面，却因为石匠们认为昂贵费时，又“不能防水”而遭到了拒绝。不过，到了 15 世纪 90 年代，在参考了大量颇受统治阶层欢迎的古典勋章和装饰板之后，伦巴第地区的艺术家已经积累了许多深刻表现古典造型和题材的技法，这些设计图案和装饰的模板在工艺圈内非常通行，在意大利北方主要的艺术作坊之间广受欢迎。

图79 伯格努内，《姜－加列阿佐·维斯康提将夏特赫修道院的模型呈献给圣母马利亚》，约 1492 ~ 1494 年。壁画。夏特赫修道院南翼廊尽头的半圆顶，帕维亚。

这具模型显示了 15 世纪 90 年代雕饰夏特赫修道院正面之前的模样。

鲁多维克也非常关注夏特赫修道院的内部装潢。来自皮德蒙（Piedmont）的画家伯格努内（Bergognone，约1453 ~ 1523 年）——原名安布罗吉奥·达·佛萨罗（Ambrogio da Fossano）受命负责整个庞大工程的总体协调工作。这包括挤满几可乱真的彩绘修士的窗橱、以精致的镶嵌细木工——可与乌尔比诺的媲美——装饰的圣歌席，以及伯格努内与弟弟伯纳迪诺（Bernardino）合作完成的顶棚画。伯格努内煞费苦心革新创作了几幅精巧的镀金祭坛画，并为翼廊创作了两幅不同朝代的壁画；一幅描写姜－加列阿佐·维斯康提在儿子菲利波·马利亚、乔凡尼·马利亚（Giovanni Maria）、加百利·马利亚（Gabriele Maria）的陪同下将夏特赫修道院的模型献给圣母（图 79），另一幅为《圣母加冕礼》（*Coronation of the Virgin*，图 80），左右两侧是弗朗西斯科·史佛尔扎与鲁多维克。这些壁画以同等的规模分别庆祝了史佛尔扎和维斯康提家族，表明了鲁多维克对史佛尔扎王朝独立力量的自信。

鲁多维克的政治行动迅速结出了丰盛的果实。1493 年，他的侄女与神圣罗马帝国的马克西米连皇帝结婚，在这件联姻上，鲁多维克寄托了自己所有的希望。第二年，刚刚成年的姜－加列阿佐去世(据称死于肺病)。在此之后，马克西米连授予鲁多维克公爵头衔，这是对史佛尔扎政权合法性的第一次正式确认。在举行一段时间的悼念活动之后，鲁多维克在1495年公开宣布继承公爵之位。1497年5月，在比阿特丽斯不幸于产后死去之后，夏特赫修道院被献出来奉神，在阿马迪欧和多西布欧诺设计的主入口中间，就有纪念这件事情的浮雕。然而，鲁多维克的艺术策略已经在此时发生了根本性的改变，不再是宣扬维斯康提家族的世袭了。

在赞助夏特赫修道院的修士们的同时，鲁多维克也在计划建造自己的陵墓礼拜堂和神圣的王座。早在1483年，他就决定要重修奎尼佛特·索拉利不久前完成的圣母马利亚感恩教堂(Dominican church of Santa Maria delle Grazie)；从1492年3月开始，他似乎想要把这里作为自己的陵寝礼拜堂。在统治之初，他已经在教堂的基础上建立了一座小型礼拜堂作为自己的祈祷室，这个小礼拜堂里铺有最好的大理石，装饰着各种家用物什和“工艺奇巧”的雕塑(1500年被法国人毁坏)。感恩教堂的新圣歌席于1492年3月29日奠基，奎尼佛特·索拉利的圣母马利亚感恩教堂自然也就慢慢开始建设。1497年，鲁多维克任命雕刻家克里斯多弗罗·索拉里(Cristoforo Solari)在即将建成的新圣歌席上为自己和不久前故去的妻子设计一个双人陵墓(图81)。一份当年的文件报告说，在选择

图80 伯格努内，《圣母加冕礼》，约1488～1489年。壁画。夏特赫修道院北翼廊，帕维亚。

图81 克里斯多弗罗·索拉里，鲁多维克与比阿特丽斯陵寝雕像，1497年动工。大理石。夏特赫修道院，帕维亚。

比阿特丽斯在这尊肖像中穿着生前为了庆贺生下一子所穿的那一套服装，这套备受赞扬的服装因此象征史佛尔扎王朝绵延不断。真正的服装上头有金纱和枣红色天鹅绒所构成的条纹，但由大理石来表现如此豪华的质料，只能点到为止；不过，这尊雕像原来可能确实罩有一层金纱。这座双人陵寝原来位于圣母马利亚感恩教堂，于1564年移至夏特赫修道院。

感恩教堂的问题上咨询了所有的专业建筑师（*peritissimi architetti*），并且“仔细思考和制作了一个立面模型……调整这个教堂与这个伟大的礼拜堂的比例”。伯拉孟特、莱昂纳多、阿马迪欧都身居专家之列。阿马迪欧看来还是建筑实施过程中的总指挥，外部砖墙和陶瓦装饰上面都留下了他的痕迹。但是礼拜堂使用的圆顶和圆形拱造型（图82），轻盈的立体装饰、玄秘的数理命数以及几何图形和几可乱真的建筑技术等都和伯拉孟特关系密切（图83）。

在鲁多维克决定将这一地区变成自己的私人领地之后，感恩教堂与史佛尔扎城堡一同成为了这里的主要建筑。与城堡基址相连的陆地——包括设有假山(*montagna*)的公爵花园的一部分——被划给修道院，正如在帕维亚，公爵城堡、赏心悦目的花园和陵寝教堂紧相依偎一样。紧邻城堡的是珊西维利诺和其他城市统治者的王府，而一些杰出的艺术家，如莱昂纳多、伯拉孟特以及勋章设计师卡拉多索（Caradosso）就住在紧靠感恩教堂的艺术家社区。感恩教堂和夏赫特教堂的齐头并进，就是当时米兰急切成为国际大都市的渴望的显示。与此相应，来自乌尔比诺、罗马、伦巴第和托斯卡纳的大师们也把这些伟大的建筑变成了他们技术和装饰才能的展示场。

图 82 佚名，米兰的圣母马利亚感恩教堂一景，16 世纪。墨水笔、红色粉笔纸本，24.3cm×32.9cm。拉斐尔之家，乌尔比诺。

这幅素描原来传为伯拉孟特所作，中央高耸的部分是伯拉孟特所设计的圣歌后殿（1492 年动工），左下角不太起眼的部分属于索拉里所设计的老教堂（1463 年动工）。

图 83　伯拉孟特，圣母马利亚感恩教堂内部，米兰，从入口望向主祭坛。老教堂之本堂从 1463 年开始动工，圣歌席后殿从 1492 年开始动工。

1496～1499 年间，数学家帕丘利（Luca Pacioli）受雇于鲁多维克，与达·芬奇合作缔造了一段伟大的友谊，并见证了鲁多维克对感恩教堂的“异常虔诚”。帕丘利认为达·芬奇为感恩教堂的修道院的餐厅所作的壁画《最后的晚餐》（*The Last Supper*，图 84），以及教堂的讲坛是鲁多维克热情的最好证明。达·芬奇这幅著名的壁画进一步让人们了解公爵与教会合作资助艺术品的情形。这件作品先是由多明我教会委托，但不久公爵卷入其中，因为正是公爵赞助了这个教派。鲁多维克卷入此事确实不同于平常赞助的模式。他十分景仰该修道院的院长——博学多闻的文森佐·邦德罗（Vincenzo Bandello），每周都要与他在修道院共进两次晚餐。邦德罗是宫廷最重要的神学家，设计了教堂和餐厅复杂的图像形象，并与鲁多维克一起确认了伯拉孟特所设计的具有象征意义的圣歌席造型。此外，他所构思的教堂讲坛的彩绘装饰，上面绘有天国以及一群天使扶着维斯康提和史佛尔扎的家族徽章，可以看出他和鲁多维克同样偏好深奥的象征。

1495 年委托达·芬奇和伦巴第画家蒙托法诺（Giovanni Donato Montorfano）共同创作餐厅壁画，兼顾了教会与俗世两方面的需求。不仅如此，这幅餐厅壁画还按照比例在“外乡人”与本地人之间进行了安排：蒙托法诺的《受难图》（*Calvary*）与达·芬奇的《最后的晚餐》分别位于对面的两面墙。达·芬奇这幅杰作完成于 1498 年，结合了佛罗伦萨绘画的雄浑风格、心理叙事手法和宫廷偏好装饰性的植物、家族徽章以及几可乱真的透视法的品位。宫廷品位所要求的元素体现在阴暗深邃、有如餐厅后殿的圣经场景上方三个画得十分逼真的半圆壁内。这种曼特纳式的结合方式同样也在意大利北方的手抄本彩绘图饰以及佛帕、伯格努内、泽纳尔（后者明显对达·芬奇《最后的晚餐》有所建议）等人的作品中出现。奢华的花环和植物点缀了一种节日气氛，这些植物都是在庆典场合献给公

图 84　达·芬奇，《最后的晚餐》（修复前），约 1495 ~ 1498 年。石灰石粉打底，板面蛋彩画与油画，460cm×880cm。米兰的圣母马利亚感恩教堂，修道院餐厅北面墙。

在《最后的晚餐》中，当耶稣告诉他的门徒说他们当中有一人将要出卖他时，门徒们的反应非常激烈。达·芬奇借助对空间和比例的处理，突出了这时候人物心理的变化，具有一定的戏剧效果。画面中处于餐桌后面远处的房间尤如圣徒们所在的穹隆顶餐厅空间的延伸，虽然透视法的消逝点（落在耶稣的头部）较一般人的视线来得高。这起到了一种奇特的“提升”观者视线的效果：坐在餐厅另一端的餐桌上用餐的公爵和修道院院长，将目光投射在耶稣威武的身躯时（较两旁的门徒稍大），精神必“为之一振”。

爵的，同时它们及其果实也具有一定的象征意味，基本上就是基督的圣物（图 85）。豪华的题字原来金光闪闪，颂扬了鲁多维克及其妻子比阿特丽斯以及继承人马西米尼亚诺（Massimiliano）。在绘有史佛尔扎的盾形徽章（内有维斯

图 85　达·芬奇，《最后的晚餐》（修复后），约 1495 ~ 1498 年。米兰的圣母马利亚感恩教堂，修道院餐厅北面墙。

中央半圆壁内细部。

康提家族的蝮蛇以及帝王的老鹰）的中间最大的半圆壁内，意大利文 *more*（黑草莓）出现在水果中央——这也是鲁多维克的绰号“*Il More*”的双关语。在当时的诗作中，这个名字常常又兼融了*amore*（爱）的意义，这些词都是非常神圣和庄严的。

在为史佛尔扎城堡北边塔城的一个一层的方形房间——通常称之为中轴厅（Sala delle Asse，图 86）所创作的壁画中，达·芬奇将植物的象征意义发挥得更为淋漓尽致。与加列阿佐·马利亚在帕维亚把自己和家人的肖像，以及他的朝臣、维斯康提君王的肖像绘入私人房间壁画的计划不同，鲁多维克独具特色地选择一种更为晦涩艰深的手法来颂扬自己和妻子。为了与内廷隐秘封闭的氛围协调，“中轴厅”壁画强调了知性和栩栩如生的构思，避免成为低俗的闹剧（加列阿佐·马利亚所构思的壁画，竟然有这样的高潮：他的一位宠臣落马，双脚还悬在半空中！）近来有人指出，“中轴厅”壁画的灵感来自公爵的桑树（mulberry tree）徽章，而桑树乃公爵的绰号的双关语——有关这一点，在加斯帕尔·维斯康提的剧作《帕西特亚》（*Pasitea*）中表现得很清楚（1495 ~ 1497 年间为米兰宫廷所作）。

加斯帕尔在剧中提到，古代的一位喜剧作家斯塔图斯（Caeclius Status，可能是米兰人），听说米兰在一棵桑树（*un Moro*）的庇护下欣欣向荣。这部闹剧的撰写动机是出于爱国热情：作者让斯塔图斯在剧中复活就是为了和埃尔科利·以斯帖所复活的古代费拉拉喜剧作家普劳图斯（Plautus）进行较量。在受到了费拉拉的挑战后，加斯帕尔后来告诉他的观众说，桑树甚至比月桂树——洛伦佐·德·美第奇家族的象征——更高贵。鲁多维克的绰号

Il More 在意大利文中还有摩尔人或黑人之意，而鲁多维克一直把桑树和摩尔人视为自己最喜欢的个人象征。这两个象征同时出现在一个精彩的作品中：乔凡·皮特罗·毕拉勾（Giovan Pietro Birago）为鲁多维克送给侄子姜－加列阿佐的礼物《史佛尔扎》手抄本所作的卷头画（见图68），1490 年出版。与城堡相连的一个私人房间“小黑厅”（*Salertta Negra*）——达·芬奇在为中轴厅作画之前曾为此处绘制壁画——可能也有象征摩尔人的图案。

达·芬奇在“中轴厅”的精彩壁画是以蛋彩为颜料，如今只能依稀窥见其貌。18 棵桑树的树枝缠绕成复杂的图案，类似中国结或编织篮子的柳枝（意大利人称这种图案为“芬奇”）。这些桑树从岩石的缝隙冒出，树上结有一小串一小串的红果实，交缠的树枝围绕在窗户四周，继续往上伸展，直达拱顶。在此环绕着一个金色的漏窗，漏窗内有鲁多维克和比阿特丽斯·德·以斯帖两人共用的徽章。纤细的金线穿梭于树叶之间，象征以桑叶为食的虫“以八个重复的动作……所吐的生丝”，这又与鲁多维克积极鼓励米兰著名的蚕丝工业，并在维吉瓦诺（Vigevano）附近的庄园开辟桑树园有关。这些金线交织而成的图案与比阿特丽斯时髦的丝质服装上头的花样相仿（这些图案有“芬奇幻想”之称）。这个房间的壁画约于 1498 年完成，鲁多维克在同一年赠给达·芬奇一座“葡萄园”。

“中轴厅”内的壁画是寓言与奇想混融的范例，而史佛尔扎祭坛画（Pala Sforzesca，图 87）则体现了宫廷所喜爱的各种艺术风格。这件作品是一个奇特的混合体，既有达·芬奇、伯拉孟特的“外来”风格，也有受欢迎的伦巴第大师——包括安布罗基奥·达·普瑞迪斯、佛帕、泽纳尔、伯纳迪诺、伯格努内，以及曼特加扎兄弟——的当地风格。这件祭坛画的作者至今仍然不明，作画时间约在 1496 ~ 1497 年间，内容是描写教堂神父向圣母以及圣婴引见公爵一家（包括鲁多维克的两位嫡子在内）的情景。人物造型融合了安布罗基奥·达·普瑞迪斯的官方肖像风格与泽纳尔、伯格努内佛兰德斯人物画五官特征，用色兼有伦巴第地区明艳的色系与达·芬奇的晕图法，构思形式在利用伯格努内的方式安排神父位置的同时（此方法见于帕维亚祭坛画），也穿插了达·芬奇式的圣母与圣婴。

图86 达·芬奇及其工作室，中轴厅（东北面墙）细部，1498 年。蛋彩画。史佛尔扎城堡，米兰。

这个达·芬奇曾经作过壁画的房间损毁严重，在 1901 ~ 1902 年修复时几乎全部重画，不过后来重修的过程中又恢复了原貌。在东北和西北两扇窗的上方以及对面的墙上有四块碑，其中三块的铭文仍清晰可辨，主要是纪念鲁多维克在位期间的几个重要事件：1493 年（侄女与马克西米连皇帝成婚），1495 年（对外宣布公爵爵位），1495 ~ 1496 年（参加意大利与法国的战争并在弗尔诺沃战役中击败法军，以及前往德国与马克西米连签订反法同盟协议）。非常有意思的是，庆贺侄女成婚以及公爵授爵典礼的刺绣壁毯中都出现了桑树图案。

图 87 史佛尔扎祭坛画大师，史佛尔扎祭坛画，约 1496 ~ 1497 年。板面蛋彩画，230cm×160cm。布瑞拉，米兰。

关于史佛尔扎壁画，现在有一份幸存的文献，内容是要求画家向公爵详细描述处理这一题材的方式。文件的作者特别想知道画家需要用多少黄金和其他贵重颜料，以及公爵一家将在画中穿戴什么样的服饰和配件。比阿特丽斯身着色彩丰富的缎带服饰，金色、深蓝色和黑绒色相互辉耀，头发梳成长辫（以布束紧，垂在背后），上面佩戴珠宝，从这身西班牙“城堡”风格（*alla castellana*）的打扮中，不难看出比阿特丽斯是一位引领时尚潮流的人物。

史佛尔扎祭坛画可能与夏特赫修道院委托画家绘制两件祭坛画同时，创作于 1496 年。鲁多维克已经向修士们推荐了两位活跃于佛罗伦萨、颇受洛伦佐 · 美第奇倚重的杰出画家。公爵明显是要将夏特赫修道院塑造成为意大利北方的艺术珍宝，趁着美第奇家族失势的良机，让史佛尔扎家族占领文化高地。佛罗伦萨失去文化优势而被米兰和帕维亚取而代之，这在古代也有先例可循：自从罗马衰亡后，米兰和帕维亚在神圣罗马帝国时期成为了最重要的意大利城市。两位“外来的”艺术家佩鲁吉诺、菲利波 · 利比当时接受了委托，但是三年之后仍然没有能够交付。一怒之下，1499 年，鲁多维克写信给米兰驻佛罗伦萨大使，宣称自己和修道士都是“被欺骗了”。鲁多维克在发出这封信不久后便被迫逃离米兰，他始终没有机会见到佩鲁吉诺完成的这件色彩华丽、璀璨的祭坛画（仅仅完成了一件，约 1500 ~ 1505 年。这件祭坛画如今已分散成若干画板，分别由夏特赫修道院和伦敦国家美术馆收藏）。

鲁多维克的没落，要从 1498 年奥尔良公爵继承法国的王位（路易十二）说起。这位新王是姜 – 加列阿佐 · 维斯康提的曾孙，1499 年入侵米兰公国。他向史佛尔扎城堡的城主行贿，因而兵不血刃便进入这座坚不可摧的城堡。鲁多维克寻求马克西米连的庇护，1500 年返回米兰又为法国所执而身陷囹圄，1508 年死于狱中。达 · 芬奇和帕丘利匆匆逃往佛罗伦萨，伯拉孟特和雕刻家克里斯多弗罗 · 索拉里则逃往罗马。在 1499 年之后，由鲁多维克收藏的艺术品也同样四处流散。达 · 芬奇以黏土塑造的巨马——史佛尔扎王朝强大势力以及鲁多维克野心的象征——被法国的弓箭手当成操练的箭靶。鲁多维克的岳父埃尔科利 · 以斯帖试图将铸造马匹的外范抢救下来，利用这匹马来粉饰自己的政权，但最终却未能如愿。

第五章

多种多样的娱乐：以斯帖家族的费拉拉

以斯帖家族统治下的小国费拉拉在15世纪时的文化独具特色，充满生机，包含着各种复杂甚至相互矛盾的文化潮流，比如贵族阶层相对保守的特征中蕴含着新奇诡异，作为文化精英的知识分子采用现实主义的方法甚至运用来自民间的讽刺手法。这些相互矛盾的文化潮流产生了强劲的艺术表现力，许多艺术家在糅合不同风格的过程中展示了自己独特的艺术品质。费拉拉诗人博亚尔多（Boiardo）1484年创作的《热恋中的罗兰》（*Orlando Innamorato*），作为一部充满幻想色彩的浪漫之作，就糅合了骑士传奇、古典史诗、意大利短篇故事等不同文体的特征。

图88　柯沙，《四月》，月厅东面墙，15世纪60年代末至70年代初。壁画。斯克法诺亚宫，费拉拉。

巨大的月厅墙壁上画满了壁画，甚至连窗户上也被画满了。12个月都被分成上、中、下三部分：上面部分描写的古希腊罗马众神，主要表现壮观的队伍和草木茂盛的风景；中间部分画的是代表星座的符号，还有三个祭司；下面部分主要描写每月安排的工作，以及宫廷里发生的事情。这里最重要的人物是波尔索·德·以斯帖，他被描绘成人间乐土的开创者，脸上带着慈祥的微笑。

这个时期的以斯帖君王，虽然在个性和赞助风格上都各不相同，但源于费拉拉宫廷的文学、音乐以及其他艺术却具有一个共同的特点，即形象和意义都很复杂。这大概是由于以斯帖君王们所赞助的艺术同样出于宫廷趣味，智力游戏、体育活动、剧场演出、音乐欣赏等各种不同方式的娱乐形式都是如此。这种趣味表现了以斯帖家族逃避现实的心态。在那些以斯帖君王们以大量壁画装饰并在其中度过了大部分光阴的乡间别墅和夏宫的名字上都可看出这样一种心态：贝勒瓜多意即美丽的景色，贝勒费瑞意即美丽的花朵，贝尔弗德瑞（Belvedere）意即美丽的景观，斯克法诺亚宫意即远离尘嚣的地方。

以斯帖家族的贵族气派，一是来自对中古骑士精神和勋章传统的继承，一是对古人的英勇善战和神话英雄的美德的追慕。雇佣军队长出身的尼可洛三世（Niccolò Ⅲ）有30多个儿子，其中三个儿子曾统治过费拉拉，从这三人的名字可以看出这些因素的影响：雷奥内罗（Leonello）

源自勋章传统中作为百兽之王的狮子（lion），波尔索（Borso）源自亚瑟王传奇中寻找圣杯的骑士波尔斯爵士（Sir Bors），埃尔科利（Ercole）源自古希腊的英雄赫拉克勒斯（Hercules）。以斯帖这个姓氏来自帕多瓦附近一个叫以斯帖的地方；当时的以斯帖家族在这里拥有一座城堡，在这座城堡里，神圣罗马帝国的皇帝，授予了以斯帖家族土地和爵位。以斯帖家族便把以斯帖作为根据地，向外开疆拓土，占领了费拉拉、摩德纳(Modena)、雷吉奥(Reggio)、罗维哥（Rovigo）以及波河流域以东的肥沃土地。在尼可洛出生之前，以斯帖家族的贵族身份以及在费拉拉的政权便已确立。既是宫廷诗人又是剧作家的阿里奥斯托（Ariosto，1474 ~ 1533 年）曾将以斯帖家族描写为古代特洛伊君王之后，而波尔索自己则将自己的祖先看成查理曼大帝时期的法国人。不过这些都不是事实，以斯帖家族真正的祖先是德国人。

POLITIÆ LITERARIAE ANGELI DECEMBRII MEDIOLANENSIS ORATORIS CLARISSIMI, AD SVMMVM PONTIFICEM Pium II. libri ſeptem, multijuga eruditione refertiſſimi, ante annos octoginta plus minus ſcripti, & Rhomę in Bibliotheca Pontificis theſauri loco reconditi, Clade uero Romana Carolo Borbonio, & Georgio Fronſpergio ducibus Clariſſimis, Anno M.D.XXVII. eruti, & per nos magno labore & diligentia in lucem æditi, quod omnibus ſtudioſis fauſtum fœlixq; ſit.

AD LECTOREM.

Cenſuram fere omnium & Græcorum & Latinorũ authorũ habebis hic, ſtudioſe lector, acerrimam, quid de unoquoq; & quocunq; genere ſcripti uere ſentiendum ſit: Eme audacter, & te ſumptus, proculdubio, nõ pœnitebit. Exhibemus tibi(q aiũt)copię cornu, & literarum uniuerſam politiam politiſſimam, Nouam, raramq; omniũ difficillimorum locorũ in authoribus exegeſin atq; explicationem: Nequicq̃ eſt q̃d deſideres. Vale, & fruere.

Auguſtæ Vindelicorum Henricus Steynerus excudebat. Anno M. D. XXXX.

图 89　德西姆布里欧，《珠玑集》，1540 年。阿里奥斯托市立图画馆，费拉拉。

雷奥内罗 · 德 · 以斯帖在位时间是 1441 年至 1450 年，时间虽短，但他却树立了一种非常独特的赞助风格，即以知识性的娱乐和艺术鉴赏为核心。他个人非常博学，品性仁慈而且对宗教特别虔诚，尤其热衷于新兴的人文学科和视觉艺术。虽然费拉拉成为艺术的天堂是在他的继任者波尔索登基之后的事情，但在雷奥内罗任内，费拉拉就已经拥有了崇高的地位。雷奥内罗对艺术品的爱憎十分分明，赞助也表现出了明显的个人品位，他尤其喜欢赞助那些品位不凡的精英艺术家，并发展出了一种壮丽的艺术风格。这种风格不只是影响到那些掌握大权的高官显贵，也影响到了周围的其他人。德西姆布里欧（Angelo Decembrio）在 1462 年的《珠玑集》（*De Politia Litteria*，图 89）中想像的一段雷奥内罗与以前的老师奎里诺（Guarino da Verona）以及多位声名显赫的艺术家——包括诗人提托 · 维斯帕夏诺 · 史特罗吉（Tito Vespasinao Strozzi，奎里诺的学生）和费尔特里诺（Feltrino，博亚尔多的祖父）等人的对话，非

图90　图尔奈工坊,《亚历山大大帝事迹》(局部),15世纪下半叶。织毯,潘菲莱宫,罗马。

这条富于佛兰德斯特色的织毯出自雷奥内罗之手。但在德西姆布里欧的"对话"中,被认为"粗劣不堪",并提到织毯上描绘的亚历山大大帝胯下的布赛佛勒斯马和地狱之神普鲁托的马没什么两样。

常清楚地表明了雷奥内罗的个人偏好。他们先从珠宝研究开始讨论,进而引申发挥到其他的艺术领域,像古代钱币、雕塑艺术,甚至还谈到了佛兰德斯的地毯。最后,雷奥内罗总结这些宫廷艺术,并得到如下结论:艺术最重要的是形似和本质的多样性。

雷奥内罗崇尚质朴的事物,推崇逼真形似的写实手法。他极为重视裸体,因为裸体是没有任何遮遮掩掩而充满性感的装饰。实际生活中他也不喜欢华丽的服装,最多是根据"星座方位"决定穿何种颜色的衣服。他斥责流行的"阿尔卑斯山以北的高卢出产的地毯"极为荒谬可笑,认为它只能诱惑那些豪奢的贵族以及愚蠢的市民(图90)。他本人喜欢过那种朴素的生活,这与他对自己地位的自信同出

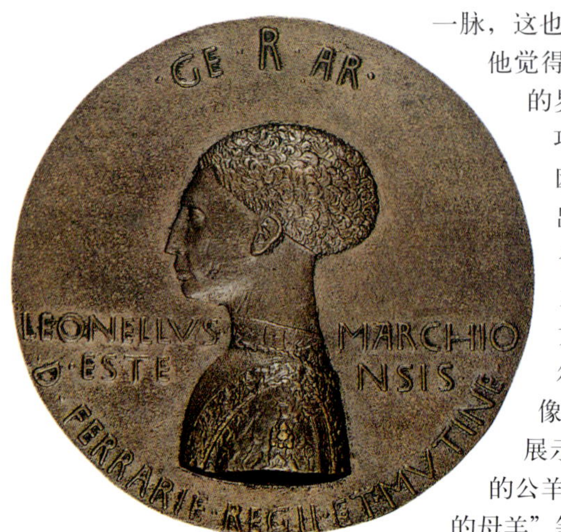

图 91 毕萨内罗，雷奥内罗纪念章（正面），1441 ~ 1444 年。青铜，直径 10.3cm。国家艺术馆，华盛顿。

一脉，这也影响到他对艺术价值的看法。他觉得画家不应该“跨越真实与虚构的界限”，而应该逼真地描摹“精巧”的自然事物。德西姆布里欧在他的绘画中主要就是表现出雷奥内罗的趣味，不过偶尔也会画一些虚幻缥缈充满想像力的事物，有些人就喜欢这些，尤其是一些宫廷人士。比如费尔特里诺认为画家作画就应该像诗人，让想像力在画布上自由展示，画“一头在空中翱翔的迅捷的公羊”或“一头笼罩着女人的面纱的母羊”等等。

雷奥内罗的崇尚形似艺术品位中，最重要的一点就是他喜欢特别“精微的事物”，如刻在宝石上的人像、青铜钱币上的凯撒头像，还有普林尼传说中被提及的缩微抄本：荷马史诗整部《伊里亚特》（*Iliad*）被放在两枚坚果壳里！他之所以看重这类艺术品，除了对复杂细节的精确刻画以外，还因为它们与古代文明的联系，尤其是费拉拉这个地方没有任何现存的可以追忆的古代遗迹，这就使得这些艺术品弥足珍贵。雷奥内罗所赞助的艺术品种，像手抄本彩绘图饰和纪念勋章，也都表现了他的这种品位；特别是那些纪念章非常重要，由于雷奥内罗的提倡，他发行了大概近万种纪念章，使得这种原本只在宫廷中流行的艺术，在 15 世纪再度兴盛。纪念章的流行还催生了一种新的贵族肖像样式：侧身半胸像。

以前像西吉斯蒙多·马拉特斯塔的纪念章，比较明显地宣扬政治风尚，而雷奥内罗的纪念章，基本都是由他最喜爱的艺术家毕萨内罗设计的，主要通过象征的手法来含蓄优雅地表达自己的意思。这些纪念章表达的理念主要供文化素养较高的精英分子欣赏。这种手法与德西姆布里欧所写的对话中的珠宝一样，主要在于引出那些以希腊文和拉丁文为主的话题。此法在费拉拉艺术中极为常见，一般通过巧妙地运用视觉形象或者机智的语言，有时通过文字语源学的追索，然后得出相关的结论或者理念，斯克法诺亚宫内“月厅”壁画就是这种典型的表现。从雷奥内罗到伊莎贝拉·德·以斯帖，这期间费拉拉的宫廷艺术内容大都是这种“对话的片段”。

毕萨内罗为雷奥内罗铸造的纪念章很可能受到了阿尔伯蒂的启发。阿尔伯蒂曾于1438年作为教廷的代表来到费拉拉。毕萨内罗铸造的第一枚纪念章，是纪念曾在费拉拉出席会议的拜占庭皇帝约翰八世（John Ⅷ Palaeologus）的，也许是因为阿尔伯蒂的建议才委托雷奥内罗或者他父亲尼可洛三世制作这枚纪念章。就这枚纪念章风格来说，在文艺复兴时期具有类似品质的只有一个例子，就是阿尔伯蒂用青铜制作的一个小铜板。这枚铜板上面刻的是模仿古罗马帝国皇帝阿尔伯蒂的侧像，其原始造型来源应该是古希腊罗马的钱币和封蜡，还有法国贝利公爵（Duc de Berry）买来的古董珠宝的仿制品（贝利公爵的珠宝仿制品是通过自己宫里的一名艺术家仿制的，材料是金和银）。阿尔伯蒂曾在北方的宫廷游历过，他可能看见过这些东西。

图92 毕萨内罗，雷奥内罗纪念章（背面），1441～1444年。国家艺术馆，华盛顿。

背面有一对老鹰，这是以斯帖家族的象征；还有一根作为桅杆的柱子和鼓涨的船帆（象征雷奥内罗），这些象征物在岩石上自然统一。

相较其他同类型的纪念章而言，为了纪念雷奥内罗的再婚而铸造的纪念章，自我歌功颂德的成分少多了（图91和图92）。新娘是阿拉贡国王阿方索的私生女马利亚。纪念章的背面刻有一位长翅膀的小爱神（Amor），他正在用音乐驯服一头狮子，这头狮子象征雷奥内罗本人。受到维罗纳的毕萨内罗的鼓舞，很多勋章制作师不久就在费拉拉宫廷活跃起来。在1444年至1446年间为雷奥内罗的手抄本绘制插图的维罗纳人帕斯提（Matteo de' Pasti），也在1446年为雷奥内罗的老师、同为维罗纳人的奎里诺铸造了一枚纪念章。纪念章中，雷奥内罗的导师身穿一件肥大的袍子，形象刻画逼真，聪明智慧表露无遗。相比而言，帕斯提的肖像风格和毕萨内罗有所不同。他们曾在一场竞赛中为雷奥内罗创作肖像画，雷奥内罗在比较两者的差别，得出了如下结论：一个风格细腻高雅（*gracile*），一个风格刚强有力（*vchemens*）。费拉拉的人文学者们对此歧异津津乐道。

奎里诺从1429年开始担任雷奥内罗的家庭教师，前后长达6年时间，其主要职责是负责这位雇佣军队长的人文教育。为了达到人文启发的效果，奎里诺为当时年纪尚幼的雷奥内罗挑选了凯撒大帝作为追慕的偶像，比如凯撒曾经学过游泳，那么要求雷奥内罗也要学习。奎里诺在阅读凯撒写的《评论集》时，就在页旁写上自己的心得，他特别注重凯撒的一言一行所蕴含的宽厚、仁慈等。毕萨内罗曾专门制作了一个凯撒肖像送给雷奥内罗，这是一件很合心意的礼物。后来，奎里诺曾创办了一所学校，对费拉拉的文艺界和知识界产生了深刻的影响。

奎里诺还曾经是雷奥内罗的艺术顾问，像雷奥内罗的贝勒费瑞别墅工作室中的那些壁画，就是来自他的构思。

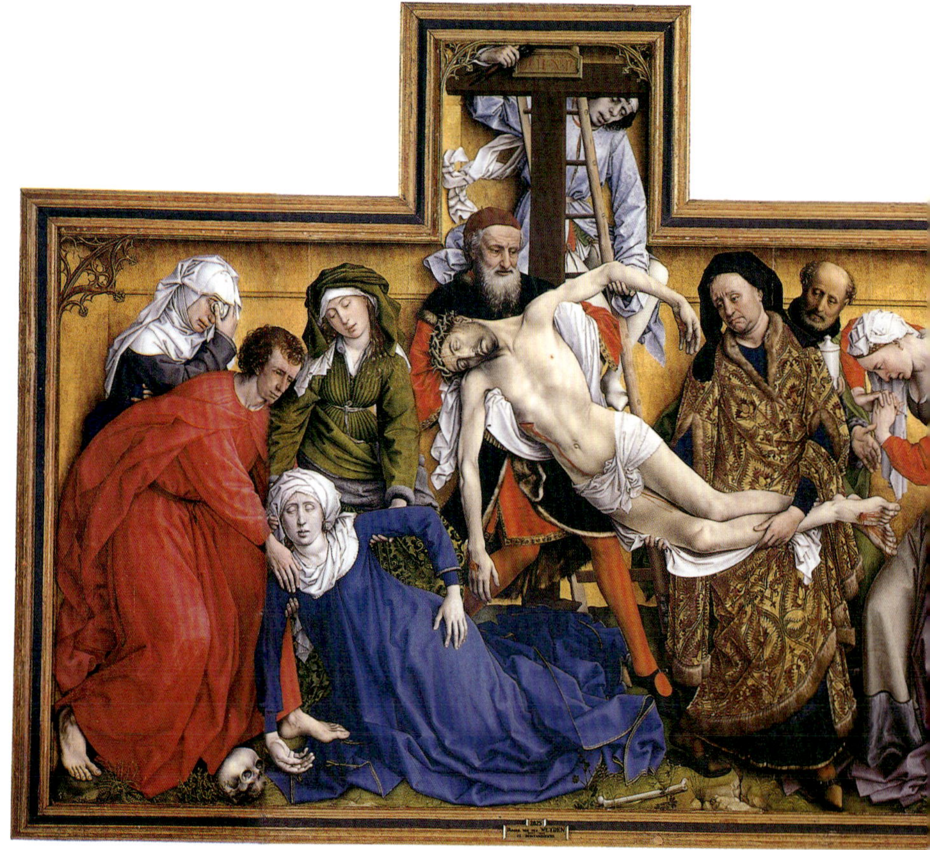

这些壁画以艺术之神缪斯为主题，由锡耶纳的宫廷画师马卡尼诺（Angelo Maccagnino）绘制，助手是图拉。之所以选择缪斯这个题材，主要是因为它不但代表古时的理想，还有极好的装饰效果，风格古典而又优雅，与工作室的宫廷地位较为契合。奎里诺在壁画中详细阐述了每个缪斯的身份，以及代表其身份的配饰、姿态以及服装。比如，掌管历史与“名誉”的克莱欧女神（Clio），手上拿的就是一支象征名誉的小号和一本代表历史的书，身上穿着的是闪闪发光的丝缎衣服。

不只是奎里诺，还有他的同僚，都对毕萨内罗十分推崇，奎里诺和他的弟子在练习写作的时候，经常拿毕萨内罗的绘画作为题材。在这些文章中，他们以优美的修辞赞美毕萨内罗的绘画，称其笔触逼真又富于变化：“不管描绘的是飞鸟还是走兽，不管是险峻的峡谷还是静谧的海洋，都是巧夺天工的杰作；我们甚至可以对天起誓，我们真的看到了泛着银光的浪花，听到了震耳欲聋的海涛！”当然，也有人认为毕萨内罗的风格具有公式化的倾向，对特定视觉形象的描绘过于频繁，有卖弄技巧的嫌疑，这样好吸引那些艺术素养较高的人。但不管怎样，毕萨内罗作为当时宫廷人士争相邀请的艺术家，对雷奥内罗之后的费拉拉宫廷艺术（这是费拉拉艺术的主流）产生了极为深远的影响。

雷奥内罗积极引进的其他一些人才也在发展费拉拉本土艺术过程中发挥了重大作用。威尼斯的雅各伯·贝里尼曾多次为雷奥内罗效力；阿尔伯蒂曾对雷奥内罗父亲的骑马纪念像的基座提出自己的见解，而且他撰写的《建筑论》就体现了雷奥内罗的意见；据瓦萨里说，皮耶罗·德拉·弗朗西斯卡曾经在费拉拉宫廷的很多房间中作壁画（这些壁画大约在1449年后破损）；法国大师让·富盖为宫廷小丑贡内拉（Gonella）创作肖像画；佛兰德斯的图尔奈（Tournai）艺术大师魏登给雷奥内罗画了一幅祭坛名画《卸下圣体与人类之堕》（*The Deposition and Fall of Man*），此画在1449年以前一直保存在费拉拉。后来，雷奥内罗通过布鲁日的经纪人，买了很多魏登的画作，而魏登1450年到罗马朝圣时很可能曾出访过费拉拉。魏登这幅感人至深的画作（图93），不仅在结构造型上充满力量，而且在人物形象的描摹上细致入微，穷形尽相，对费拉拉的艺术家们造成了深远影响。年轻的安德里亚·曼特纳，还在1449年

图93 魏登，《卸下圣体》，约1435年。板面油画，220cm×260cm。普拉多美术馆，马德里。

这幅收藏于普拉多美术馆的魏登的著名油画与雷奥内罗珍藏的《卸下圣体》三联画、阿拉贡国王阿方索的基督受难织毯（魏登设计）相似之处甚多。西里雅克·安可纳倾心于魏登作品中虔诚的感情，而法吉欧震惊于费拉拉三联画中两个马利亚和约瑟的“悲痛和力量”的感染力。细细凝视画中协调一致的精致细节——圣母无力下垂的手与死去的基督伤痕累累的手，观者很快就会体验到强烈的宗教情感。

图 94 马卡尼诺、图拉及助手，《歌舞女神特耳西科瑞》，约 1450 年和1463 年。板面蛋彩画，110cm×81cm。波尔迪佩佐利美术馆，米兰。

古文物研究者研究家西里雅克·安可纳于 1449 年 7 月访问费拉拉，看到过马卡尼诺为以斯帖家族贝瑞费瑞夏宫创作的这两个女神——历史女神克莱奥和悲剧女神墨尔波墨画像。安可纳惊叹于马卡尼诺的技艺，认为他承继了魏登的手法，“用平淡无奇的颜料在光滑的板面上”不可思议地创造了墨尔波墨画像中圆形的“从金色基台上突出的闪闪发光的珍珠和耀眼的宝石”。舞蹈女神特耳西科瑞的绘画也表现了同样的技巧，特别是在华丽的金色和红色边饰上。

给雷奥内罗和他的艺术顾问作了一幅肖像画，不过这幅画现在已经亡佚了。

继雷奥内罗之后即位的是他的弟弟波尔索（1450 ~ 1471 年在位），后者非常享受所有权力的象征形式。波尔索和雷奥内罗一样也非常热爱艺术，尤其喜爱彩绘插图本，但他对奢华铺张的事物乐此不疲，而这却是雷奥内罗所极力避免的。波尔索喜欢穿着豪华服饰，珠光宝气，在娱乐庆典活动上一掷千金，热衷于养马、饲犬和放鹰。教皇庇护二世在《评论集》中说他的身体非常强健，长相俊美，深得大家喜爱，而且“能说会道，说起话来滔滔不绝，自我陶醉，自我取悦，而不是让他人聆听喜悦”。波尔索在位时期的费拉拉宫殿，全部以佛兰德斯的华美天鹅绒壁毯作为墙饰，上面满绘玫瑰骑士的传说；他还再次翻新了许多建筑，位于城郊的旧斯克法诺亚宫殿被修整一新，成为了兼具行政办公与娱乐休闲功能的活动中心。这是一种精明的政治手段，虽然庇护二世曾经不无刻薄地挖苦说，“他（波尔索）所刻意追求的壮观以及表现出来的慷慨大方，都只是表面的”，但波尔索这种虚华的庄严和对公众的慷慨，确实大大提高了费拉拉的知名度。波尔索赞助的艺术品也和雷奥内罗有很大不同，在视野和规模上都比雷奥内罗更为庞大和奢华，但在形象的刻画上仍继承了雷氏的特点，生动形象，涵义复杂，这可能和奎里诺的教导及其众多弟子服务宫廷有关。

波尔索承继了雷奥内罗遗留的以斯帖家族别墅翻新工作，为装饰未善的贝勒费瑞别墅订购了更多以缪斯为主题的绘画。画作包括马卡尼诺创作的掌管歌舞的特普西克（Terpsichore，图 94）、帕诺尼欧（Michele Pannonio）画的泰丽儿（Thalia）以及图拉的《寓意人生》（图 1）。图拉对画中人物形象的大量修补表明画家曾经进行了大幅度的改进：图拉和他的助手于 1459 年至 1463 年在贝勒费瑞别墅工作，同时把人物变成了其他缪斯女神。这幅画原是蛋彩作品，描写的是掌管音乐的缪斯女神尤特碧(Euterpe，宝座由管风琴的音管制成），后来的成品却改成了一个坐在红绿相间的大理石宝座上、有些稀奇古怪的人物[可能是论辩与史诗女神卡留贝(Calliope)],宝座周围是几条镶嵌珠玉的金属质地海豚。图拉的这些修改作品主要采用了魏登的佛兰德斯油画技法，这也是最早如此规模地使用这一技法并深得其中三昧的意大利油画。图拉甚至能够辨别不同比例油彩染黄以及掺入树脂后色彩深度和饱和度之间的细微差别(图 95)。从纯熟的技巧可以看出，图拉可能接受过魏登的指导，也有可能是他的老师马卡尼诺曾经被雷奥内罗派往尼德兰学习过油画。

图 95 图拉，《寓意人物》(辩论女神卡留贝?)，1458 ~ 1460 年。板面蛋彩画和油画，110cm×711cm。国家美术馆，伦敦。

局部展示了人物头部和服饰上的多种多样的纹理。

这些画的颜料都是选用的上品，据 1460 年的文献记载，图拉在给贝勒费瑞别墅作画时，宫廷曾专门购买了 3.5 盎司的佛青供他使用。在装饰公爵的贝勒瓜多别墅礼拜堂时(1469 年)，图拉使用了 36 达克特金币 1 磅的佛青来涂抹横梁上面的蓝色。另外，还使用了大量的黄金，这同样是非常昂贵的颜料，主要在灰泥浮雕上镶金，与佛青配合使用效果极佳。有资料曾记载了这个礼堂装饰所使用的各种颜料的价格，只要比较一下，就可以知道佛青和最低等的廉价颜料的价格差别有多大，也就知道了佛青到底有多贵：廉价的颜料有靛蓝(indigo)和石青(azurite，由蓝铜矿粉磨制而成)，靛蓝极为便宜，石青粗糙的 1 磅值 1 达克特金币，精细的 1 磅值 3 达克特金币。图拉在这个礼拜堂创作九个宗教人物画所得的酬劳，还比不上消耗的颜料价格。这些正表明了波尔索艺术赞助的特点：重视对上好颜料的选择，而对艺术家的技术水平则不那么关注。柯沙(Francesco del Cossa，约 1435 ~约 1477 年)给斯克法诺亚宫作画，付酬方式是以平方英尺为单位计算，这个价格和水平跟不如他的画家相比没有多少差别，为此他愤然离开费拉拉前往博洛尼亚发展。

图拉主要精于油画，但似乎是为了捍卫自己宫廷画师的地位，他只肯把这种技术传授给他的弟子，而不愿和别人共享这门技术。虽然他的竞争对手，包括柯沙在内，都想追求他的绘画效果——尤其是色彩的深度和饱和度方面，但都只能在板面蛋彩画领域着力。在这个层面上说，宫廷艺术家地位一方面意味着新技法的确认和成熟(有时通过赞助人资助学习)，一方面也因为画家保护自己地位不受威胁的私心而使新技法无法迅速推广传播。安德里亚·曼特纳就非常吝于自己精通的阿尔卑斯以北的铜

图 96 安德里亚·曼特纳，《海神之战》，15世纪 70 年代。蚀刻和铜版雕刻，全幅尺寸 28.3cm×82.6cm。迪沃希尔公爵珍宝室，查兹沃斯。

曼特纳最为有力的印版都是基于古代雕塑，使用蚀刻和铜版雕刻技法，在灰褐色的石板上，创造光影交替的明显效果。这场战争可能指曼特纳与两名雕版制版师的交恶：这也成为了一种艺术家之间互相嫉妒的隐喻（形容憔悴的人物尹维迪亚——嫉妒的象征——出现在左上角）。黑色幽默也有力传达了曼特纳捍卫自己在宫廷内的地位不受竞争对手威胁的迫切心情。

版凹雕技法，宣称这是自己的独门绝技（图 96）。他曾经雇用一帮痞子痛打两名雕版竞争对手，然后将他们赶出了小镇。

图拉的画作具有饱满的热情和怪异的意象，这符合以斯帖宫廷的艺术趣味（他们一直欣赏那些令人惊异的诗歌和戏剧）。他作品的绘画形式更是典型的费拉拉当地风格：简洁的形式，精致的造型，平扁的空间和光鲜的色彩，尤其擅长表现石块、珠宝以及金属表面的质感。波尔索主政费拉拉之后，许多费拉拉本地的才华横溢的画家被宫廷吸纳。这些人喜欢采用与意大利北部艺术潮流一致的、富有装饰色彩与表现风格的矫饰主义，在以斯帖家族的赞助下，这种形式主义风格得到了极大的发展。在这一方面，佛罗伦萨所树立的壮阔雄奇的自然与古典主义风格，虽然在意大利中部的宫廷如乌尔比诺等地影响甚深，但在费拉拉并没有多大的影响。费拉拉艺术家兴趣更多集中在绘画及与其相关的诗歌、音乐和戏剧等艺术之上，而不是堪称绘画艺术的姊妹艺术——雕刻和建筑。研究以斯帖时期费拉拉的现代学者特别注重手抄本彩绘图饰对宫廷画师的影响。与伦巴第地区类似，费拉拉的细密画装饰造型和色彩融合了所有古代题材，创作了一种非常适合贵族品位的艺术。这些艺术观念许多都可追溯到威尼斯的贝里尼（与费拉拉宫廷的关系密切）和帕多瓦（曼特纳的训练基地）的斯夸尔乔内（Squarcione）。

波尔索本人最喜欢的作品，是 1455 至 1461 年间专门为他绘制的一部精美奢华的圣经，插图画家包括克里维利（Taddeo Crivelli）和鲁西（Franco dei'Russi）等（图 97）。在作画期间，所有画家由宫廷出资延请居住在一起，在这段时间他们创作了千幅之多的精美细密画。尼可洛三

图 97 克里维利，绘有所罗门王宫的彩绘插页，波尔索·德·以斯帖圣经，1455 ~ 1461 年。以斯帖图书馆，摩德纳。

波尔索圣经中的很多圣事插画——受勃艮第和普罗旺斯彩绘图启发——都是波尔索宫殿的理想图景。徽章图案与人像完美结合，色彩鲜活，有蓝色、金黄色、红褐色、粉红色、绿色、淡紫色等，这些都是当时费拉拉艺术的特色。

图 98　柯沙,《波尔索狩猎》(《三月》的局部,月厅东墙下半部分)。壁画。斯克法诺亚宫,费拉拉。

波尔索和大臣们又一次出现在高岩上,不过方向相反,后面还有奔跑的猎狗和野兔。

世那本装饰华丽的圣经,被他们借来当作豪奢的范例,因为波尔索想让他们清醒自己追求的奢华壮丽风格。尼可洛三世的这本圣经,插画是由伟大的哥特细密画家帕维亚人贝尔贝罗(Belbello)绘制的,其精巧的构图布局当时可能已经不入潮流。波尔索的细密画家们充分借鉴了其中的透视技巧,使小小的人物形象与风景及建筑背景相互协调。在曼特纳推荐的费拉拉细密画家吉拉尔弟(Guglielmo Giraldi)取代贝尔贝罗在曼托瓦的地位之后,15 世纪初广受欢迎的贝尔贝罗宫廷风格也一时消歇。

波尔索造价昂贵（花费了 2200 达克特）的圣经在向人们表明虔诚信仰的同时，也以其壮丽奢华的外观给人们留下了深刻印象。这本圣经并没有在图书馆内沉睡，当有大使来访时会被拿出来展示，波尔索本人也是爱不释手，把玩不厌。1471 年末，波尔索接到教皇授予公爵爵位的通知，他又让人重新装订了这本圣经，好与他同往罗马。虽然这本圣经昂贵而又笨重，将其分成两本之后，去掉原来装订的部分，剩下的重量仍然还有 15.5 公斤，尺寸是 67.5 厘米 ×48.6 厘米，但他依然愿意带它上路，因为这代表着虔诚的信仰与卓著的声望。

波尔索在郊区的狩猎场与斯克法诺亚宫中投资创作的最著名壁画，当属月厅壁画（见图 88），它也体现了费拉拉手绘画传统的深远影响。这件作品规模庞大，耗时经年，创作时间贯穿 15 世纪 60 年代末至 70 年代初，主要的画家是柯沙和其他一些不太出名的画家［近来有人认为艾克尔 · 德 · 罗伯蒂（Ercole de' Roberti）可能有限地参与了其中四月和五月部分的一些创作］。究竟是哪位人文学者构思如此复杂的壁画内容如今已不得而知，根据推测应该与奎里诺的一个弟子有关。这件作品采取当时《时历书》（*Books of Hours*）中的季节和星象为结构，主要歌颂了波尔索政权的伟大英明，其内容极具文学色彩，采用了大量谚语和典故。月厅的大小为 12 米 ×24.4 米，是一个不太正式的宴乐场所，有时也用来作为半开放的会客场所。这一圈作品最鲜明的特色是形式上的相似——公爵本人出现在每个场景的下半部分，或者外出打猎（图 98），或者赏赐小丑，或者主持审判，或者观看赛马，诸如此类。另一个较为明显的特色是画家在画的不同部分采用了不同的空间处理手法：上面部分描写了获胜的古希腊众神，采用的是装饰效果扁平的空间；中间部分描绘了断裂的天体，采用的是象征效果的空间手法；下面部分主要以波尔索为主角，采用的是具有优雅表现力的透视空间。最下面部分的彩色风景极为逼真，和真实的空间极为相似，比如画作《四月》（*April*）下面部分的空间处理，画面里一位大臣将脚伸出栏杆，这是画面与现实世界的分界线，效果极为逼真。

波尔索之后的统治者埃尔科利一世（1471 ~ 1505 年在位）个性完全不同。在以公爵身份上任之初，埃尔科利时代的风气更为清冷、更具帝王气象，形式也更具有赞助者的庄严。这也说明了他与其他意大利君王相比更加在意自己的身份，特别是与米兰公爵加列阿佐 · 马利亚 · 史佛尔扎和那不勒斯的国王阿方索相比。埃尔科利的童年时期是在阿拉贡宫廷度过的，阿方索的“庄严”无疑对他产生了深远的榜样意义。埃尔科利对宗教非常虔诚，潜意识里他可能是用宗教虔诚所表现出来“壮丽”来与阿方索一世竞争。还有就是他也像阿方索那样以“神圣”(Divus) 自居，不同的是他把这两个字铸印在批量生产的钱币上，而不是铸在纪念章上。埃尔科利同样在艺术和建筑上挥金如土，不过和波尔索的平和富丽风格不同，他的风格是庄严肃穆。埃尔科利庄严 (*maiestate*) 的品位表现在两方面：首先是资助创作了规模壮丽宏大的圣乐，其次是根据民间的喜好，大力提倡古典喜剧，并上演由古典戏剧改编的剧作 [自 1486 年开始，常常演出古罗马剧作家德伦西 (Terence) 和普劳图斯 (Plautus) 的作品]。

埃尔科利刚上任，便马上组建了一支圣乐唱诗班，其水平在整个欧洲都数得着，比教皇、那不勒斯的国王，甚至法国国王的唱诗班都不逊色。他通过为费拉拉效力的外交人员在法国、佛兰德斯以及其他宫廷等地寻找顶尖的艺术家，并把他们聘请来，然后再让这些最优秀的音乐家到世界各地巡演。教皇的薪金归他管理，这也可以成为一个吸引人的因素。这一事业形成了与加列阿佐 · 马利亚 · 史佛尔扎竞争的态势，后者专门组织了一支唱诗班，希望在演出规模和曲目水准上都能超过埃尔科利的唱诗班。不过虽然加列阿佐 · 马利亚喜爱音乐，但却对舞蹈毫不感冒，在埃尔科利统治的费拉拉，舞蹈可是极为流行的。法国-佛兰德斯的复调 (polyphonic) 音乐和宫廷舞蹈的程式，在此一时期其他宫廷、其他艺术杰作所具有的色彩动感和优雅造型中都有呼应。与此同时，宗教剧和世俗剧演出之间的色彩丰富的换幕装饰 (*intermezzi*，转场时的绚丽布景)，对于已经非常兴盛的矫饰和怪异艺术品位，更是起到了推波助澜的作用，这一点在绘画艺术的风景背景中最为突出：费拉拉艺术中平坦空旷的波河流域不复存在，换上的是千奇百怪的岩石堆砌建筑物，集中体现了注重技巧技术并略带矫揉的特点。

以斯帖家族和那不勒斯宫廷的关系一直很密切，埃尔科利保持了这一点。埃尔科利在 1473 年与费南特一世的长女阿拉贡的埃丽奥娜拉结婚，他们生下了三个孩子分别叫比阿特丽斯、伊莎贝拉、阿方索（和阿拉贡的阿方索名字相同），这三个人长大后都成了费拉拉重要的艺术赞助者。埃丽奥娜拉在宫廷的行政工作和文化艺术中具有相当重要的作用，人们甚至觉得她比她丈夫更具有行政才能；另外和埃尔科利一样，她对宗教也极为虔诚，并且在音乐方面鉴赏水平很高，她对于丈夫捐助大量金钱给修道院和教堂，并资助这些建筑的装饰翻新也很支持。他们结婚三年后遭遇了雷奥内罗的儿子弗朗西斯科 · 尼可洛（Francesco Niccolò）发动的政变，此时的埃丽奥娜拉表现非常勇敢镇定。但是几年后，战争再次降临，这次是与威尼斯交战（1482 ~ 1484 年），费拉拉遭到了极大破坏。动荡的局势使其损失惨重，有许多建筑物在炮火中被摧毁，著名的贝勒费瑞别墅变成了灰烬。这场战争的失利让埃尔科利非常沮丧，过了很久伴随经济形势的好转，他才重新振作起来，并开始在修建费拉拉的防御工程的同时，重塑他在艺术赞助上的“壮丽”品位。

埃尔科利赞助了不少艺术家，其中最出色的是费拉拉的画家罗伯蒂（约 1450 ~ 1496 年）。罗伯蒂曾于 1481 ~ 1486 年间迁居博洛尼亚，应该是受到了费拉拉－威尼斯战争的影响，后来他于 1486 年返回到费拉拉，并于次年被宫廷特聘为画家，据文献的记载，公爵专门发给他不菲的薪水。和以前的图拉相同的是，罗伯蒂也接受了很多的订件。1489 年中至 1490 年初，他和别的画家、雕刻家一起，制作了若干镀金彩绘的箱子与橱柜，还有一辆凯旋车和一张婚床，这是专为埃尔科利的长女、即将下嫁曼托瓦的贡扎加公爵的伊莎贝拉制作的。这是费拉拉在战争结束后首次与意大利的其他家族联姻，以后又和别的家族进行了联姻。埃尔科利的另一个女儿比阿特丽斯嫁给了米兰的鲁多维克 · 史佛尔扎，儿子阿方索一世娶了安娜 · 马利亚 · 史佛尔扎（Anna Maria Sforza），这两次罗伯蒂都提供了同样的服务。埃尔科利为他的两个女儿准备的奢华嫁妆使他自己手头紧张，但这并未妨碍他赞助规模庞大的建筑与艺术。和他的两个哥哥一样，埃尔科利善于制造新的名目增加税收。后来他的儿子阿方索的第二个妻子带来了丰厚的嫁妆，终于使埃尔科利的收支恢复了平衡：1501 年教皇亚历山大六世 [Alexander Ⅵ，本名凯撒 · 博尔基亚（Cesare

图 99 罗伯蒂，《哈斯德鲁巴之妻与她的儿子》，1480 ~ 1490 年。板面蛋彩画和油画，47.1cm×30.6cm。国家美术馆，华盛顿。

此画色彩鲜亮，富于以斯帖家族特色的红色与绿色的生动对比，突出了这幅画的虚构性和装饰功能。

Borgia）］在女儿露克蕾西雅 · 博尔基亚嫁给阿方索时将 10 万达克特金币及土地和其他贵重礼物作为嫁妆。

1490 年初，罗伯蒂主要是为公爵夫人工作，为她装修维克城堡（Castello Vecchio）的私人住宅，并绘制了许多小幅祈祷像。有三幅女子题材的画板画非常有名，镶在壁板或家具上用来装饰房间。其中一幅描写的是哈斯德鲁巴（Hasdrubal）的妻子，非常贴切地歌颂了埃丽奥娜拉的勇敢和美德（图 99）。当时以斯帖宫廷的文学家写了不少赞美女子的文章献给埃丽奥娜拉，这里采用的是视觉形式。罗伯蒂的这幅作品体现了个人风格的纯熟——饱含感情，宫廷背景明显并极具装饰特色。画家采用象征的手法，刻画这个不幸的故事：哈斯德鲁巴战败后向敌人投降，他的妻子不愿和丈夫一样受辱，便和两个儿子一起奔向一座燃烧的神殿，进而殉难；画中哈斯德鲁巴的妻子和儿子在幽幽的火苗中起舞，背景简练。

埃丽奥娜拉 1493 年去世，也可能就在此时，为了纪念公爵夫人，罗伯蒂创作了《圣殇》（*Pietà*）。《圣殇》是受公爵夫妇赞助的一个教会委托，专门为圣多明我教堂创作。所有费用也完全由公爵负担。这幅画今已亡佚，仅仅可以通过在罗马斯巴达艺廊（Galleria Spada）的仿制品窥其大概。内容描写公爵、埃丽奥娜拉及她的弟弟阿方索［卡拉布里亚公爵（Duke of Calabria，那不勒斯的国王阿方索二世）］共同目睹耶稣受难的场景。埃丽奥娜拉的弟弟扮演了亚利马太人约瑟（Joseph of Arimathea）的角色，埃尔科利扮演的则是谦卑的尼哥德慕（Nicodemus）。这幅画是公爵夫妇 1481 年以及之后的 1489 年、1490 年、1491 年数年间推动创作并搬演耶稣受难戏剧的真实写照。

一幅有时被视为与《圣殇》祭坛画配套的精巧板面画，更加表现出戏剧在埃尔科利时代的费拉拉受热爱的程度。罗伯蒂的这幅名为《以色列人收取吗哪》（The Israelites Gathering Manna，图 100）的画作置于公爵的宫殿或中庭，作为搬演古典戏剧的舞台背景，非常真实地体现了当时的情形。一位费拉拉当地人曾在日记中记录了舞台的外观：高高的台子上有五六个绘满画作的小屋，屋子用帘子代替门。罗伯蒂曾经画过另一幅小板画，内容是关于《最后的晚餐》的，这幅画让人想到另一个场景：耶稣在被钉死在十字架之前，曾经为门徒洗脚，然后一起用了最后的

图 100 罗伯蒂,《以色列人收取吗哪》, 15 世纪 90 年代早期。板面画转为布面, 28.9cm×63.5cm。国家美术馆, 伦敦。

晚餐。作为演员的埃尔科利从费拉拉当地请来了 13 个穷人, 在宫殿旁边豪华的场地上演出。

《最后的晚餐》为主题的戏剧也曾在 1489 年上演。公爵亲自参与圣剧活动的直接证据是摩德纳的马佐尼为玫瑰圣母院 (Santa Maria della Rosa) 制作的一组赤陶塑像。马佐尼的《众人哀恸耶稣之死》(*The Lamentation*, 图 101), 现存于费拉拉的耶稣会中 (Gesù), 可能创作于 1484 年左右。马佐尼当时在宫廷享有盛誉, 地位尊崇: 他于 1473 年就为公爵的婚礼制作舞台面具与台柱, 并在 1481 年被下令免除所有个人税。在马佐尼的《众人哀恸耶稣之死》中, 真人大小的埃尔科利 (尼哥德慕的角色) 和埃丽奥娜拉 (马利亚的角色) 及其他五个圣经人物扮演者一起围绕在耶稣圣体前悲痛欲绝。每个人像都雕刻得栩栩如生, 令人惊奇。宫廷礼仪决定了埃尔科利和埃丽奥娜拉哀痛而又庄重, 其中埃尔科利公爵更为克制与拘谨。他们身着冬衣显得含蓄保守, 也可突出公爵夫妇的尊贵地位。埃尔科利戴的是毛皮做的帽子, 身上穿的是狼皮大衣, 大衣敞开, 露出皮衣的华丽衬里。他一只手戴着手套, 另一只手拿着, 这些细微动作表现了他出身的高贵。

赤陶（黏土）是最为常用的雕塑材料——相比青铜或大理石，赤陶的保存时间要短得多，费拉拉本地没有合适的石材。本地赤陶的使用为重修过的斯克法诺宫的正面增色不少，修建了砖墙，并与雄伟的大理石大门相呼应。在真人大小的人像雕塑中，这种赤陶形象地表达了圣经的象征意义——人生于尘土之中，死后一切化为虚空。黏土可精巧地捏塑细节，堪与葬礼上使用的蜡像面具以及佛兰德斯人物画的真实感媲美，而一到马佐尼和博洛尼亚的阿尔卡这样的大师手中，甚至能够再现各种各样华贵布料和制品的纹理脉络。马佐尼制作了许多赤陶演剧面具，主要用于以斯帖家族赞助的圣剧和庆典仪式，以及节日舞台演出和公众欢庆活动。人们也很敬重他的技艺，法国国王查理八世（Charles Ⅷ of France）曾在1495年授予他骑士爵位。

在罗伯蒂的《圣经》画中扮演圣经人物的，除了公爵夫妇以外，还有公爵夫人的哥哥阿方索。阿方索曾于1489年邀请马佐尼到那不勒斯，并负责马佐尼的所有旅费。马佐尼在1492年左右创作了另外一组《众人哀恸耶稣之死》的雕塑，地点是阿方索钟爱的橄榄山伦巴第圣安娜教堂（Sant' Anna ai Lombardi di Monteoliveto）。与在罗伯蒂《圣经》中的角色一样，阿方索在这组塑像中的角色是亚利马太人约瑟（图102），他是给耶稣买了墓地的财主；而在现实生活中，阿方索和他扮演的这个角色一样，给予橄榄山教派的这座教堂大量资助，包括金钱、土地和其他

图101　马佐尼，《众人哀恸耶稣之死》，约1484～1485年。赤陶，高160cm。耶稣会教堂，费拉拉。

图 102 马佐尼，《亚利马太人的约瑟（阿方索二世）》，《众人哀恸耶稣之死》局部，1490～1492 年。赤陶，高 120cm。橄榄山伦巴第圣安娜教堂，那不勒斯。

塑像细致刻画了晚年沉迷于宗教的阿方索脸上的每条皱纹，身上穿的冬袍、手上佩戴的戒指和装东西的皮夹都反映了他的富有。一个小的细节承袭了佛兰德斯绘画作品，反映了他对知识的虔诚：大衣开口处露出了一个皮夹子，这是用来放折叠式眼镜的。

价值不菲的财产。

自 1444 年开始，那不勒斯和费拉拉两地在政治和艺术上的密切往来，催生了一种非常契合宫廷与贵族品位的沉思风格，并成为了与佛罗伦萨的宏大叙事风格分庭抗礼的“流行”时尚。那不勒斯－费拉拉的艺术风格在糅合西班牙和佛兰德斯艺术元素之外，还借鉴了阿尔卑斯山以北的自然主义和装饰华丽、人文气息浓郁并精巧复杂的艺术特色。宫廷之间频繁的文化交流塑造了艺术家的风格和意象，安东内拉·达·梅西那（Antonello da Messina）、乔凡尼·贝里尼、安德里亚·曼特纳和皮耶罗·德拉·弗朗西斯卡以及费拉拉的三位最著名的艺术家图拉、柯沙和罗伯蒂等都受益匪浅。

在世俗装饰领域，以斯帖领主们委托制作的宫廷壁画超过了任何其他统治家庭，不过现在留存不多。多少有些幸运的是，萨巴迪诺·阿里恩提（Giovanni Sabadino degli Arienti）在 1497 年写的歌颂埃尔科利·以斯帖的《论宗教的胜利》（*De Triumphis Religionis*）一文中，曾对以斯帖家族的宫殿和别墅作了详细的描绘。其中有一章专论“壮丽”风格，我们从中知道，埃尔科利用“堆成山的黄金”购买了距离市中心八英里远的贝勒瓜多豪华别墅。其中一间房子里布满“智者的肖像，旁边有许多宗教内容的短句”，还画有“古代绿色草原上的赫拉克勒斯”，这明显是歌颂现代的赫拉克勒斯——埃尔科利。这个房间让在此停留过的君主们印象深刻，因为通往其他宫廷的路上有一块非常清楚的绘饰板，上面记载着米兰公爵和博洛尼亚君主在 1493 年曾在此下榻。另外一个房间的壁画描写的是公爵与所有的大臣在一起，“轻松自在”，画面很生动。而会客厅与私人休息室之间的赛姬厅（Sala di Psiche）壁画由“宫廷最杰出的画家”绘制。据资料记载，罗伯蒂在 1493 年 2 月为贝勒瓜多别墅（几乎可以肯定是赛姬厅）创作大型壁画草图，而公爵则从早到晚一直陪着他。埃尔科利的随从对公爵以这种方式打发时间，而不是下棋或者打猎感到疑惑不解。很明显，在宫廷内部的人眼中，埃尔科利对这件事的投入有些异乎寻常。

取材于阿普列乌斯（Lucius Apulieus）的拉丁语小说《金驴》（*The Golden Ass*）的丘比特和赛姬厅壁画，可能算得上这个时期最迷人的壁画系列。萨巴迪诺·阿里恩提在自己的文章中对画中的丘比特宫与埃尔科利的贝勒瓜多别墅作了清楚的比较：这座别墅"就是一座宫殿，和另外一座非常相似，惊人的美"。根据萨巴迪诺·阿里恩提的记载，壁画上有奇妙美丽的风景，包括险山、草地以及树荫。他邀请读者，把这幅画与诗人尼可洛·达·柯瑞奇奥(Niccolò da Coreggio)的诗作《丘比特与赛姬之恋》(*Innamoramento di Cupido e di Psyche*，这首诗作是献给埃尔科利的女儿伊莎贝拉的）进行比较，认为它们都是"以优美轻柔的散文笔触"完成的。萨巴迪诺·阿里恩提一再宣称，这一系列画作在"诗性的面纱"下呈现的是"道德"主题，这本身就说明这些画作引起了俗世的快感。另一个房间的壁画干脆就是赤裸裸的色情内容：婚姻之神海蒙（Hymenaeus）的胜利。从15世纪末宫廷赞助的艺术中，可以看出当时达官贵人们很喜欢这方面的题材。在郊外别墅四周声色犬马的花园中，清凉的泉水、空气中散发着的柑橘味和迷迭香都与这些色情题材的绘画十分吻合。

罗伯蒂后来又参与了很多壁画的创作，其中可能包括贝勒费瑞别墅会客室。这个会客室内壁画题材尤为广泛，包括奇珍异兽（以斯帖家族经常收到这些东西），野猪、熊和狼等猎物，宫廷宴会、朝圣之旅，以及纪念埃丽奥娜拉和埃尔科利成婚的内容。公爵夫人和侍女在画中的地位尤为突出，表明这座宫殿主要是"一座女士宫殿"。学者罗森伯格（C.M.Roseberg）认为，别墅位于这座城市边缘的一座猎场旁边，地段很理想，可供途经此地的贵客休息——这将让他们得到以斯帖家族非常好客的直观印象。

贝勒费瑞后来被并入"埃尔科利增建区"（Erculean Addition，图103）——15世纪90年代，埃尔科利对城市进行了庞大的扩建，建筑师是比亚吉奥·罗瑟提（Biagio Rossetti，1447～1516年）。增建部分与计划中的巨大埃尔科利骑马纪念像（罗伯蒂设计），更加凸现了公

图 103　费拉拉景观，埃尔科利扩建城区，1499 年。木版画，以斯帖图书馆，摩德纳。

扩建新区的街道左右对角设置了最大的林荫道——天使大道，有的地方宽达 16 米。这条大道有的地方是禁行的，以便“天使们”也就是大臣们能在这里步行。

爵晚年委托作品宣扬自我、不无炫耀的本质。通过在城市北部完全增建的一个新区——这个新建的区域是原来的费拉拉城面积的两倍以上，埃尔科利解决了首都在防御上的困境，同时也满足了经济上的需要。

到 1493 年，费拉拉这座建于中古时期、修道院、花园和别墅遍布猎场周边的郊区城市，已经规划修建了多条街道，并分成了多个建筑区域。这些都是卖给朝中贵族和其他有意的买主的，到 1503 年，12 座豪华的宫殿以及十几座教堂在这里拔地而起。其中在公爵的宫殿附近最有名的区域，有一座罗瑟提所设计的钻石宫（Palazzo dei Diamanti，图 104），这明显是埃尔科利建给他弟弟西吉士孟多的。宫殿外面铺的是切成钻石形状的大理石，这是公爵最喜欢的名贵材料，也是以斯帖家族的一个象征（图 104）。萨巴迪诺曾以谄媚式的语言赞扬了埃尔科利这项改造都市的计划：“您（埃尔科利）所继承下来的费拉拉，是用砖块堆成的；而您留给后人的费拉拉，是用大理石雕成的。”

宽广的林荫大道从城市北部通往西部，中间参差切入从西往东的街道。城区外围住着艺术工匠、工厂劳工（后来有移民迁入此处，变得比较拥挤）以及中产阶级的家庭。城市的防御工程基本按照弗朗西斯科 · 迪 · 乔吉奥

图 104 罗伯蒂，钻石宫，费拉拉，1493～1504 年（1567 年竣工）。

建筑装饰突出了这座位于费拉拉新兴郊区建筑的都市元素。钻石宫位于新建城区两条著名的街道的交汇处，这个地方特别显眼，罗伯蒂给它们铺的是伊斯特里亚石，并用浮雕装饰。正面和侧面向外突出的钻石形大理石，从这个角度观察效果更为明显。

的设计完成，把“文艺复兴式”的费拉拉城打造成了阿里奥斯托笔下的“精致城堡”。阿里奥斯托巧妙措词，对埃尔科利兼顾美观与实用、优美与雄伟的理想极尽溢美之能事。务实的现实主义者和耽于幻想的逃避主义者，在生机勃勃的费拉拉公爵世界，同样具有非常重要的意义。这座城市不仅是阿里奥斯托写下经典骑士传奇《疯狂的罗兰》（*Orlando Funrioso*，分别在 1506 年、1521 年、1532 年出版了三个不同的版本）的地方，同时还是其所创作的讽刺性喜剧《蕾娜》（*La Lena*，1528 年）的背景：前者是一首幻想式的史诗，精彩无比，不仅有关于亚瑟王传奇的情节，还包括对以斯帖家族的歌颂；后者内容是一个宫廷看守，在沉默无言的波尔索雕像目光注视下，在公爵的领地内偷猎并秘密地将猎物卖掉。

第六章

对外交往的艺术：曼托瓦与贡扎加家族

1459年，教皇庇护二世专门来到曼托瓦，参加1459～1460年在此举行的教皇会议(the great Church Congress)，这次大会是曼托瓦外交史上的辉煌一页。欧洲所有的君主、众多宗教界的领袖、数量庞大的随行人员——诸如大使、学者、大臣、外交人员等等，大家共同来到这里是为了组织一支与土耳其对抗的十字军。教皇召开这次会议的地点选在曼托瓦，对曼托瓦的侯爵鲁多维克·贡扎加来说(图106)，只要他能趁此机会慷慨招待，做好东道主的工作，肯定能使曼托瓦及其家族获得极佳的世界声望。侯爵夫人，也就是德国布兰登堡的芭芭拉(Barbara of Brandenburg，图107)，是使曼托瓦获得主办权的最大功臣，她来自霍亨索伦王朝(Hohenzollern)，是神圣罗马帝国选侯腓特烈二世的孙女，身份地位比只是侯爵的丈夫尊贵得多。为了赢得这次主办权，她请了几乎所有霍亨索伦王朝的亲戚帮忙，尤其是请来了她的叔叔马葛拉伍·亚伯特(Margrave Albert)，此人在腓特烈三世皇帝的宫中享有盛名。最后教皇决定由这个意大利北部城市主办这次会议。消息传到曼托瓦后，宫廷上上下下为了准备工作，忙得焦头烂额。佛罗伦萨工程师兼石匠卢卡·范切利(Luca Fancelli)自1450年便住在曼托瓦，他主持把贡扎加老城堡改成豪华的王宫，而原宫廷内高贵气派的多功能建筑则被空出来，供教皇和他的随从起居使用。

教皇和他的随从1459年底开始入住曼托瓦，在这里住了将近8个月。他们住在宫廷最高雅的房间里，如宏伟的毕萨内罗厅、白色套房和绿色套房等等，而鲁

图105 达·芬奇,《伊莎贝拉·德·以斯帖肖像》，1499～1500年。素描，46cm×36cm。卢佛尔宫，巴黎。

达·芬奇这幅肖像画的是弗朗西斯科·贡扎加的妻子伊莎贝拉。这幅草稿的一个摹本现藏牛津，那上面显示出伊莎贝拉的指尖有一本书，但这幅画中和草稿四周一同被切去了。这幅图在线条上打了多个小孔，在小孔里撒上木炭粉后，可以在下面画布上留下痕迹便于描摹。伊莎贝拉对这件刻画逼真的作品极为喜爱，还让画家做了好几个摹本。

图 106 安德里亚 · 曼特纳，《鲁多维克 · 贡扎加在宫廷中》，“彩绘室”局部，1465 ~ 1474 年。公爵宫殿，曼托瓦。

图 107 安德里亚 · 曼特纳，《来自布兰登堡的公爵夫人芭芭拉在宫廷中》，“彩绘室”局部，1465 ~ 1474 年。公爵宫殿，曼托瓦。

多维克、芭芭拉和其他王室成员则住进城堡中，虽然这里灰尘漫天飞，工人施工的嘈杂声从不停止。当时受雇于教皇的著名建筑理论家、学者阿尔伯蒂陪同教皇前来。当教皇离开后，阿尔伯蒂又住了好几个月，离开后分别于 1463 年、1470 年和 1471 年重返曼托瓦，以监督完成由他设计施工的圣塞巴斯蒂亚诺教堂（San Sebastiano）和圣安德里亚教堂（Sant’Andrea）。稍微有点遗憾的是，早在 1457 年便允诺为侯爵效命的安德里亚 · 曼特纳未能前来，他仍在帕多瓦，虽然后来成为了侯爵的宫廷画师；还有保证会出席的腓特烈皇帝，则从开始到结束都没看见人。

教皇非常赏识贡扎加王室殷勤周到的待客方式，不过曼托瓦的地理环境的确不好。这个城市比较潮湿，对健康不利，教皇的随从中有很多人感冒，街道到处都是泥泞，附近的河流中蛙鸣不绝于耳，惹人心烦。与邻国威尼斯和米兰相比，位于沼泽湖畔的曼托瓦既小又穷，但这里的农地还是很多的，虽然每年的收入不是很多，但加上佣兵的佣金后也为数不少了，鲁多维克的祖先早就清楚这些，他们把这些钱投资在艺术、建筑和学术研究上，借此来提高王国和家族的声誉。

曼托瓦早期建筑集中在宫廷内，都是多功能的建筑物，1328 年被贡扎加王室驱逐的波纳可尔西王室（Bonacolsi）的两座老宫殿也在内。这些建筑物的房间装饰有无数壁画，其中最令人扼腕的是毕萨内罗厅，里面的壁画取材于约瑟王传奇的故事，但未能完成（图 108）。这件壁画作于 1447 年到 1448 年，应该是鲁多维克委托的首件艺术品，但当毕萨内罗前往那不勒斯后，这件艺术品的创作就停止了，多数只是完成了底层的棕色素描。画中有盛大的宴会场面，还有马上比武大会，这个骑士题材与鲁多维克的身份很相合：他本人是一个年轻的雇佣兵队长，也是天鹅骑士团（the Order of the Swan）这个著名的德国骑士团的成员，他的妻子也是其中一份子；画中鲁多维克和他的父亲基昂弗朗西斯科出现在当时十几位各国出名的圆桌武士中，宫廷中最得宠的一位侏儒也在此列，身上穿的是代表贡扎加家族颜色的服装。这件壁画极具观赏价值，和贡扎加图书馆内收藏的法国版约瑟王传奇一样，给人们带来了乐趣。

图108　毕萨内罗,《马赛》局部，约1447～1448年。壁画。公爵宫殿，曼托瓦。

作为一名雇佣兵队长，鲁多维克打算在未来的10年里树立米兰将军的声望。他的军事才能比不上费德里克·达·蒙特菲尔特罗，也不如西吉斯蒙多·马拉特斯塔那样勇猛：费德里克用一系列绘有特洛伊战争（Trojan War）画面的挂毯来装饰他的宫殿；而西吉斯蒙多则用绘有查理曼大帝（Charlemagne）战场的挂毯来装饰。贡扎加家族是圣遗物的看管者，他们认为圣遗物与传说中的圣杯（Holy Grail，一个盛有耶稣的血的圣餐杯）具有同等的地位，并且将它们同骑士看得一样重要（他们对骑士比武怀有极大的热情）。红条纹玛瑙圣杯的黄金底盘上饰有红宝石、珍珠、绿宝石，有“武士之王”之称的阿拉贡国王阿方索宣称圣杯归自己所有。

曼托瓦所保管的圣遗物是圣血，就是几滴耶稣的血，人们认为这几滴血具有神奇的力量。这血原先是残留在罗马的百夫长朗吉努士（Longinus）的矛枪上，耶稣被钉死在十字架上之后，朗吉努士把矛枪刺向耶稣的肋旁，随即有血水留出（这把矛枪现收藏在神秘的圣杯城堡中）。16世纪的编年史家吉翁塔（Stefano Gionta）记载了圣经中这个事件的发展，朗吉努士后来皈依了天主教，并来到曼

图 100 阿尔伯蒂，圣安德里亚教堂正堂，1472～1494年。曼托瓦。

传说中曼托瓦是由古代伊特鲁里亚发展而来的，根据古罗马建筑理论家维特鲁维亚的描绘，阿尔伯蒂设计了这座伊特鲁里亚风格的圣安德里亚教堂。正堂的巨大穹窿拱顶镶板，两边分列的三个礼拜堂也是这样的拱顶。

托瓦，他寄居在一间救济院内，现在是圣安德里亚教堂，然后把沾有圣血的器具埋在救济院的果园里，成为古代的圣物，并被贡扎加王室视为镇国之宝，对它恭敬异常。在这个城市首次发行的达克特金币上，其他银币上，还有纪念章上，都印上了圣血的图案。

鲁多维克想把曼托瓦改造成气派堂皇的城邦，教皇的造访加深了他的想法。他从官员口中得知教皇对城市的批评后，马上着手改建城市，最基本的措施是先把泥泞的中央广场铺上石板。阿尔伯蒂和庇护二世在曼托瓦的时候，侯爵肯定会和他们讨论关于都市规划的一些想法，因为当时庇护二世正在改造他的出生地柯尔西涅诺（Corsignano）镇，用学者的说法，想把这小镇变成一座理想的城市，后来这座小镇更名为皮恩扎（Pienza）。菲拉雷特在他1461～1462年的一篇文章中，记录了鲁多维克对建筑设计问题的兴趣，这位博学的曼托瓦君王说：

“我也曾经喜欢过现代建筑，但当我学会了欣赏古代建筑后，就越来越瞧不上现代建筑了。”阿尔伯蒂曾为曼托瓦设计过建筑物，施工由与鲁多维克密切合作过的范切利监督。

波德斯塔宫（Palazzo del Podestà）也是按照阿尔伯蒂的想法修复的；而阿尔伯蒂设计的圣塞巴斯蒂亚诺教堂虽然已经动工，但最终没有完成。虽然圣安德里亚修道院院长一直强烈反对重新整修，但为了不辜负圣血之名，安置该遗物的圣安德里亚修道院十年来一直在施工。阿尔伯蒂于1470年提供了修道院的整修设计图，相比被取代的佛罗伦萨建筑师马内提（Manetti）的设计图，阿尔伯蒂在给鲁多维克的信中，认为自己的设计在任何方面都更为出色，其优点有：更加宽敞、更为耐久、更有价值、更富情趣且花费更少，其内部（图109）构造有的地方模仿了罗马的马克森提教堂（Roman Baslica of Maxentius），修道院空间宽敞，可以容纳远道而来朝圣的大量人群，也可给朝圣者留下深刻的印象。这座新教堂（正面有一座凯旋门）耸立的高度改变了曼托瓦市中心的外观。后来鲁多维克的儿子弗朗西斯科枢机主教从本笃会（Benedicine）手中接管了圣安德里亚修道院，从此修道院的财产收入全归贡扎加家族所有。

在贡扎加王室的长期赞助下，艺术家安德里亚·曼特纳也在圣安德里亚教堂（图110）实现了他的愿望。1504年8月11日，贡扎加王室将教堂的一个礼拜堂赐给他，作为他逝世后遗体的安放之地；根据他自己遗嘱中说的，礼拜堂应该用雕刻、绘画以及其他装饰物装扮，他甚至还买下礼拜堂后面的地，以确保外面的光线不受杂物的干扰，能从礼拜堂的空隙中射进来。到1506年，为贡扎加王室服务了46年的曼特纳去世，这座礼拜堂足以证明曼特纳在曼托瓦获得了崇高的地位，不过这也是曼特纳热衷名声、渴望得到众人关注的结果。他曾在1469年请求腓特烈三世封他为巴拉丁伯爵（Palatine），鲁多维克的秘书曾讽刺说他想免费得到它，到了15世纪80年代，鲁多维克的孙子弗朗西斯科·贡扎加二世终于颁给他骑士爵位。曼特纳曾将自己的作品制成版画，好让宫廷外的人士也能看到他的作品，他还为自己建造了一座仿古罗马住宅风格的豪宅（见图28），虽然他在曼托瓦享有尊贵的地位，但这个庞大的计划还是让他几乎一贫如洗。虽然他的艺术是“曼托瓦的至尊”，但其遗嘱必须经过同行业的所有店主联署后才能生效，密友、宫廷诗人兼医生费尔拉除外。据说弗朗西斯科二世未能在他临终之前来探望，受到了曼特纳儿子的指责。

安德里亚 · 曼特纳：宫廷画家与画家朝臣

毕萨内罗死于1455年，他死后不久，鲁多维克就和曼特纳联系，希望聘他为宫廷画家。曼特纳为费拉拉宫廷所作的作品，在当时一些流传的文章中很常见，侯爵鲁多维克应该是从中得知他的盛名的。不过曼特纳一直不愿离开帕多瓦，鲁多维克为此感到心灰意冷，并和艺术家帕诺尼欧接洽，不过对学术兴趣颇深的鲁多维克来说，曼特纳仍是首选。“喜悦之家”（Casa Giocasa）这所著名的学校是侯爵的父亲创办的，由人文学者维多里诺 · 达 · 费尔特雷主持，侯爵曾在这里读过书。阿尔伯蒂献给基昂弗朗西斯科 · 贡扎加的《画论》便是以“喜悦之家”为对象，这篇论文引经据典，涉及古代修辞学、哲学、诗学、历史学，同时也强调了素描、数学、几何学，除了“喜悦之家”，能充分理解它的机构很少。曼特纳和鲁多维克都对古董十痴迷，曼特纳还想把阿尔伯蒂的理念以画加以阐释，他在曼托瓦的开始10个年头，应该会和侯爵、阿尔伯蒂一起讨论那些抽象的问题。

图110　阿尔伯蒂，圣安德里亚教堂外部，1472～1494年。曼托瓦。

1458年4月15日，曼特纳很高兴地接受了宫廷画师的聘请，因为鲁多维克开出的条件是月俸15达克特金币，供一家六口吃住，并配给足够的生活补助。曼特纳为了完成承诺在先的工作，要求推迟六个月报到，鲁多维克答应了他的请求，并说：“七八个月也没事，好好完成已经开始的工作，然后轻轻松松地来到这里吧。”1459年1月23日，宫廷送给曼特纳一块银花红锦缎，让他裁成制服，7 天后他正式被任命为“最高家臣”(*cacrissimum familiarem noster*)，并获准使用王室的盾形徽章和太阳标志，而且鲁多维克说这些只是他所能想到的最基本的酬劳。1460 年春，侯爵派遣一艘船从曼托瓦启程，把曼特纳及其家人，还有行李载回到宫廷。

曼特纳的第一件任务是为贡扎加家族的一个私人礼拜堂作画。这件礼拜堂是由曼特纳设计、卢卡·范切利施工并装修的，它位于圣乔吉奥城堡(Castello di San Giorgio)内，于 1459 年年中通过曼特纳的验收。曼特纳大约从 1460 年开始为礼拜堂作画，前后接近 10 年时间。后来这座礼拜堂毁于 16 世纪——乌尔比诺的赦罪礼拜堂可能是现存的礼拜堂中最接近的例子，不过礼拜堂内的一些画作，不同程度地保存至今：例如现藏于乌菲兹美术馆的三幅板画(后合并成“乌菲兹三联画”)，一直以来被认为是属于这座礼拜堂的，其中的《东方博士朝拜》作于弧形的画板上，原先位于祭坛的壁仓中。乌菲兹美术馆的另外两幅作于 1465 年的版画《卸下圣体》(*The Deposition*)以及《圣葬与四只鸟》(*The Entombment with Four Birds*)，可能是根据礼拜堂亡佚的画作刻印的。

这座礼拜堂中的作品都是典型的宫廷艺术品，它们极为精巧——最大的只有 75.3cm×73.7cm，且装饰得非常华美，作品中有许多身材修长的人物。尤其是《割礼》(*The Circumcision*)的底座，可算得上是曼特纳的仿古典风格技艺的精品，它由光洁无瑕的大理石、灰泥模子和镀金青铜浮雕组成。但是曼特纳在其作为宫廷艺术家的早期，一方面尽力迎合宫廷人士的期望，同时又对自己的这种服从感到明显的焦虑：每一幅哪怕是尺寸极小的画作都是精雕细琢而成，即使是预备性的素描也是画得极为细致，颜色上也修饰得格外有光彩。在帕多瓦的最初几年里，他的大胆的个人主义遭到了批评：在《圣母升天》(*The Assumption of the Virgin*)这幅壁画中并未把耶稣的门徒全画出，只画了 12 人中的 8 人。而在曼托瓦人的《耶稣升天》(*Ascension*)这幅画中，在主景的后面，另外四位门徒的头和肩都被中规中矩地画了出来。

曼特纳 1465 年开始在城堡二层的小房间绘制壁画，房间是方形的，字迹潦草的作画日期题在窗户的窗框，很不雅观，大约经过了十年，这个被称为“彩绘室”[Camera Picta,

下页图 111 安德里亚·曼特纳，“彩绘室”的北墙、西墙和天花板，1465 ~ 1474 年。800cm×800cm×690cm。公爵宫殿，曼托瓦。

在曼特纳动手作画之前，这间位于圣乔吉奥城堡东北部的方形房间曾被翻修过。加高了天花板，两个窗户的位置也有所变动，使透过来的光线照在壁画上更美观，西墙加了一扇门，东墙角放了一张罩篷式大床，紧挨曼特纳画的帷幕，墙内还留着罩篷的挂钩。

图 112　安德里亚·曼特纳，"彩绘室"的洞眼窗，1465～1474 年。公爵宫殿，曼托瓦。

在洞窗里有宫廷侍女、光屁股孩童、一只孔雀以及一位摩尔人，正在偷看观众。这幅画的主旨，是通过诙谐的方式表达世界的虚无。当鲁多维克来到这里，很可能聊及拱顶上的神话，还有装饰上的帝王胸像，顺便谈到所具有的美德。这个轻松的画面可让贡扎加王室的自重稍微放下一点，采用高妙的浪漫手法的洞窗具有高度的娱乐效果。

又称"新人房"（Camera degli Sposi）］的房间终于完成（图111）：房内有一块饰板，上面有 1474 年的标志，这是曼特纳献给鲁多维克和他妻子布兰登堡的芭芭拉的。曼特纳从天花板开始着手，用了大理石雕像、精致的灰泥装修、闪光的金黄马赛克瓷砖，以及在拱顶中央的一个假洞窗，里面画的是夏日的天空（图 112），一切细节都惟妙惟肖，令人惊叹；然后在北面墙的壁炉上画出宫廷景色，贡扎加王室的成员坐在花园的过道内，还有侯爵的爱犬如宾诺（Rubino）；东、南两面墙画的是雕着金花的帷幕；西面墙则是众人聚集在一起的场景（图 113）。

这些壁画在近日已经被修复，恢复了昔日的光芒，这个难得的机会，使我们得以窥见贡扎加王室神秘宫殿的面貌。曼特纳才华横溢，用了流畅抒情的手法刻画了侯爵夫妇及家人、奴仆、马匹、大臣等（图 114）。但实际上这是一件容易让人误解的杰作，这些画背后还隐含着巧妙的权术。1475 年的一份大使报告中明确地指出了这一点。报告提醒鲁多维克要当心加列阿佐·马利亚·史佛尔扎对这些壁画的抱怨：这间世界上最美丽的屋子里没有史佛尔扎的画像，令人气愤的是竟然有丹麦国王克里斯提安（King Christian）和腓特烈三世皇帝，他认为这两人是世界上最卑鄙无耻的，因为他们曾经阻挠他登上王位。鲁多维克对这件外交纠纷采用了机智的处理办法，他解释说曼特纳的肖像不够优雅，而且加列阿佐·马利亚曾烧过曼特纳给他画的一幅素描，因此鲁多维克必须防止这种让人不快的事再次发生。加列阿佐·马利亚好像接受了鲁多维克的解释，后来1474年在他米兰城堡的一件壁画中，就有鲁多维克的位置，地位与孟菲拉托国的侯爵相同。

图113 安德里亚·曼特纳，“彩绘室”局部：西墙，1465～1474年。公爵宫殿，曼托瓦。

图 114 安德里亚·曼特纳，“彩绘室”局部：北墙，1465～1474 年。公爵宫殿，曼托瓦。

这段壁画的人物有：坐着的鲁多维克·贡扎加和妻子芭芭拉，小儿子鲁多沃吉诺，小女儿宝拉，位于二人之间的三儿子弗朗西斯科，站在母亲后面的四儿子鲁道夫和大女儿芭芭拉，一位奶妈，一位女侏儒。

“彩绘室”的壁画有典故在内，这从这个房间原来独特的功用中可以找到线索。它位于城堡一楼最古老的一部分，兼作侯爵的卧室和会客厅，侯爵在这里接见君王、大使、外交人员等重要客人，有时也会见他的亲信。西墙上有一个用来收藏重要信件的柜子，可以存放重要的信件、文件，还包括开启圣血修道院等的侯爵的钥匙，这也解释了为何信件在这个房间的壁画中有这么重要的位置。四墙顶端的贡扎加家族图案和南门上方的盾形徽章装饰，使这个房间显得更加庄重，更具王朝特征。

意大利学者西尼奥里尼（Signorini）的研究表明，北墙上宫廷的内容是关于鲁多维克的，有一封紧急招他前往米兰的信（信的日期是 1461 年 12 月 30 日，该信件目前存在国家档案局）。这封信的内容是通知米兰陆军中将鲁多维克，米兰公爵弗朗西斯科病重；弗朗西斯科一旦身故，王室的政权就很危险，所以需要鲁多维克出兵作战。鲁多维克收到信后，前往曼托瓦与米兰之间的波佐洛（Bozzolo），与他的儿子弗朗西斯科和费德里克（鲁多维克的继承人）会合。不久前，弗朗西斯科刚获得教皇任命，1461 年 12 月 22 日成为了掌握重权的枢机主教，这是贡扎加家族的荣誉，也是庇护二世造访曼托瓦取得的重大成就。在这面墙上，有父亲与主教儿子会面的场景，还有丹麦国王克里斯提安一世以及曼托瓦的领主腓特烈三世皇帝，他们是芭芭拉的姻亲，但实际上这两个人当时并不在场，而且尚未出生的西吉斯蒙多和弗朗西斯科二世也在画面上。这件画作不仅记录了一个真实的历史事件，而且有歌颂贡扎加家族显赫名声的意思，同时还能表现贡扎加家族与教廷和帝国之间的密切关系。

“彩绘室”也曾在重要的场合扮演关键的角色，比如1470年4月米兰大使来到曼托瓦，与鲁多维克探讨军事合约，这对贡扎加王室还清债务很重要，还关系到曼特纳的薪金。当时主人便向大使们展示这个房间的壁画，虽然尚未竣工。这些大使返回米兰是这样向公爵报告的：“鲁多维克带我们参观了一个房间，有侯爵、侯爵夫人芭芭拉、王侯费德里克以及其他儿女的画像；侯爵在谈论画像时，还请他的两个女儿向我们打招呼，妹妹宝拉和姐姐芭芭拉小姐都很讨人喜欢，亲切和蔼，端庄大方。”

曼特纳的壁画给大使留下了深刻的印象，而且还炫耀了已到结婚年龄的鲁多维克的女儿马利亚（图115）。史佛尔扎曾经婉拒过贡扎加家族的两名女子，因为她们身体的缺陷。虽然他的家人已经给他介绍了萨伏依的勃娜，但他对芭芭拉却极为倾倒。他让人画了一幅芭芭拉的肖像，这幅画令他痴迷地爱上了芭芭拉。这些壁画向大使展现了鲁多维克的美德，佣兵队长对雇主是忠心耿耿的。

图115　安德里亚·曼特纳，《鲁多维克·贡扎加的长女芭芭拉》，“彩绘室”局部，1465～1474年。公爵宫殿，曼托瓦。

《恺撒的胜利》（*The Triumphs of Caesar*）是曼特纳为贡扎加王室所作的另一件名作，约作于1484年至15世纪90年代后期（图116），这件作品非常壮观，由九个画板构成，以栩栩如生的形象歌颂了恺撒的赫赫战功。这件杰作是贡扎加家族谁委托的，究竟有何目的，至今没有定论。不过我们知道，费德里克·贡扎加在1478年继鲁多维克登基，除了作战以外，他在剩余的很少空间内建了新宫殿，并翻新了旧宫殿。

图 116　安德里亚 · 曼特纳，《掠获的雕像与围城的装备》，选自《凯撒的胜利》第二幅，约 1484 ~ 1490 年。布面蛋彩画，270cm×270cm。汉普敦宫，伦敦。

曼特纳这几幅题有“轻视嫉妒、战胜嫉妒”的作品冠绝古今，参考了古代的艺术和文学，比如这幅画的巨像、沦陷城市的木制模型以及战利品，都来自阿庇安和李维的故事，另外还参考了关于古代凯旋归来的记载，尤其是 15 世纪的庆典仪式的细节。大臣们看到战马佩带的“圣马可之狮”的坠子，就明白这描述的是作为威尼斯军队将领的弗朗西斯科 · 贡扎加，因为福音画的作者马可是威尼斯的守护神，他的标志就是狮子。在马上将军后面的男子应该是画家的自画像。弗朗西斯科 1506 年刚建好圣塞巴斯蒂亚诺宫后，这些画就挂上了，重现了古代的辉煌。

《恺撒的胜利》和彩绘室的壁画不同，手法比较含蓄地表现了贡扎加家族，曼特纳的主要想法可以得到自由发挥。像出现在画中的少数几个符号，比如象征帝国的老鹰，是西吉斯蒙多皇帝批准贡扎加家族在盾形徽章上使用的图案，而身穿红白制服的青年，则非贡扎加家族所独有的。不管怎样，这件作品完成后，给贡扎加王室赢得了很大的荣誉。年轻的弗朗西斯科作为贡扎加二世侯爵，很可能是这幅画的赞助者，他很明白只要给曼特纳足够的自由，让画家尽情地发挥他的才智，他创造的令人惊叹的仿古风格，对提升自己的名誉绝对有利；如果是这样，这件作品应该是侯爵赞助的光辉成就。

1484 年，18 岁的弗朗西斯科二世继承费德里克成为侯爵。宫廷易主让曼特纳担心起自己的前途，他在弗朗西斯科二世登基几个礼拜后，给佛罗伦萨的洛伦佐 · 德 · 美第奇写了一封信，说："这位新王看起来很善良，我又充满了希望。"费德里克在位的时候，曼特纳一直与洛伦佐保持信件来往，向洛伦佐请求经济上的帮助，还送给他两幅画，作为外交礼物，因为费德里克曾为佛罗伦萨出兵作战，说明那时的曼特纳很不得意。1483 年洛伦佐拜访了曼特纳，画家很可能向他表明愿意为他服务。不过弗朗西斯科二世上任后，曼特纳的烦恼不再：他不但授予画家期盼已久的骑士爵位，而且《凯撒的胜利》这幅赋予画家较大创作自由的巨作也可能是由他委托的。这确保了这位受人尊敬的大师愉快又忙碌地为贡扎加家族工作。

曼特纳在朝中游刃有余。他很快便发现这位新王很喜欢看娱乐表演，他对宫中的侏儒小丑非常优厚，还很喜欢赛马和军事装备。侯爵后来给了曼特纳两年假期，让他前往罗马梵蒂冈，为教皇英诺八世（Pope Innocent VIII）的礼拜堂绘制壁画。曼特纳在罗马期间曾给年轻的侯爵写了一封信，说"要竭尽臣本人的渺小才智"向侯爵致敬，但其实是让侯爵继续给他薪水。休假那两年期间，曼特纳很担心自己的离开将使生活变得困难。他还希望能从罗马的工作中得到回报，用赛马的例子来暗示："和柏柏里马（Barbary horses）一样，首先抵达终点的马能得到一枚奖章，我也应该得到一枚。"他还向弗朗西斯科二世讲述了被教皇囚禁在梵蒂冈的苏丹王弟弟的故事，令人深思，颇有无可奈何的意思。

图 117 安德里亚·曼特纳,《胜利圣母像》,1496 年。布面蛋彩画,280cm×160cm。卢佛尔宫,巴黎。

曼特纳自罗马返回到曼托瓦之后,作的第七幅《凯撒的胜利》描写的是一群宫廷小丑正在嘲笑游行队伍中可怜的俘虏。这种讽刺而又有意味的手法正是弗朗西斯科二世所喜好的,他所最宠爱的侏儒便是讽刺挖苦的好手。曼特纳有一个叫作弗朗西斯科的儿子,在贡扎加的马尔米若楼城堡(castle of Marmirolo)工作,负责在以城市和亚历山大大帝为题的书中描绘插图,为了延长自己的任期也用了这种办法:把一幅丑化了法王查理八世的素描画献给了伯爵，因为这位法王侵略过意大利，后来被伯爵以米兰军队将领的身份击退。他把法王的长相画得非常夸张，身材矮小还是驼背，头发没有几根，双目突出，一个大鹰勾鼻。画家弗朗西斯科说："我听别人说起过法王的长相，让我很吃惊，于是就想像出这副样子。"

1495 年 7 月 6 日，弗朗西斯科二世在佛尔诺沃战役（Battle of Fornovo）中险胜，打败了查理八世，为了纪念这场战争，曼特纳作了一幅祭坛画《胜利圣母像》（*Madonna dell Vittoria*，图 117）献给伯爵。而且以后每年的战争纪念日，这件祭坛画便作为游行的重要内容被抬到大街上。这幅画让曼特纳得到了 110 达克特金币的报酬，不过这笔钱是犹太人但以理 · 达 · 诺尔萨（Daniele da Norsa）的。这个倒霉的家伙把自己家里的一件圣母像从墙上取下来，虽然得到曼托瓦的代理主教西吉斯蒙多 · 贡扎加（Sigismondo Gonzaga）的同意，但还是引起了公愤，最后被判决交上罚金。曼特纳的这幅圣母像画的是在一艘游船上，身穿盔甲的弗朗西斯科二世跪在地上跪拜，态度虔诚，面庞上散发着动人的光彩；安德烈（Andrew）、乔治（George，贡扎加家族守护神）、米加勒（Michael）和手持带有血迹长枪的朗吉努士等四位圣者正在把他托付给圣母；左下方有一位贵妇欧沙娜 · 安德瑞亚西（Osanna Andreasi）是曼托瓦本地的先知，弗朗西斯科二世的父亲曾向她寻求庇佑，来保护家人的平安。来自威尼斯的雕刻家皮特洛 · 隆巴度（Pietro Lombardo），尊称伯爵为"所向披靡的君王"，并接受弗朗西斯科二世的委托，打算设计一座还愿礼拜堂献给伯爵；有意思的是几年后，弗朗西斯科与威尼斯发生战争，被打败后遭到囚禁，关在牢房里，威尼斯人曾请石匠加固岩石，而这个石匠就是隆巴度。

弗朗西斯科二世还曾委托宫廷画师邦西诺里（约 1460 ~ 1519 年）亲赴战场，为佛尔诺沃战役作了一幅素描，可能属于"胜利"系列的组画。邦西诺里在 1519 年还曾画了一幅祭坛画，这一年弗朗西斯科二世去世。画的内容是关于弗朗西斯科二世的妻子伊莎贝拉 · 德 · 以斯帖的，画中她在多明会修女的陪侍下，跪在欧沙娜 · 安德瑞亚西的面前。伊莎贝拉在宫廷中很多年都致力于贡扎加宫廷的文化事业，肩负着保护曼特纳的重任。

伊莎贝拉·德·以斯帖：既为自娱又为名声的收藏家

伊莎贝拉·德·以斯帖是费拉拉君主埃尔科利·以斯帖和王后埃丽奥娜拉的长女，深得他们的疼爱，17岁下嫁弗朗西斯科二世。她和妈妈都热爱文化事业，喜爱音乐舞蹈，精通鲁特琴和其他弦乐器，从小就训练出了敏锐的艺术感觉。她刚到曼托瓦宫廷的时候，正在罗马的曼特纳很有先见地写了一封信，给伊莎贝拉从前的家庭教师巴蒂思塔·卦里诺（Battista Guarino），让他把自己介绍给伊莎贝拉，以便为她效劳。

伊莎贝拉急于出名，她大力赞助各项文艺活动来提高自己的威望，努力学习拉丁文以提升自己的资历，但她发现拉丁文很难掌握。伊莎贝拉可谓为学拉丁文而聘请家庭教师的第一王后，她在1508年初请费拉拉的人文学者艾奇科拉（Mario Equicola）担任家庭教师，艾奇科拉在1500年之前的某些时候曾到过曼托瓦。她还拉拢许多“专家”——人文主义顾问、经纪人和大使，并且只要一有机会便出去游历。她委托制作了很多艺术品，从维吉尔的纪念像中可看出她是很有抱负的赞助者。其实早在15世纪50年代左右，鲁多维克·贡扎加和学者普拉蒂拉就打算为这位伟大的曼托瓦诗人塑像，到了15世纪90年代以后，伊莎贝拉开始积极实行这两人的计划。

通过那不勒斯大使，弗朗西斯科二世和人文学者彭达诺接触并请他担任纪念像的艺术顾问。彭达诺对伊莎贝拉积极的态度非常欣赏，认为她作为一个不懂拉丁文的年轻女子真的很让人敬佩。他认为青铜虽然高贵，但往往因为铸钟或铸炮而被破坏，所以他建议用大理石作为材料，并打算题字：“曼托瓦的伯爵夫人伊莎贝拉立”，不过最终采用的是彭达诺为纪念像作的一首优雅的诗。纪念像由曼特纳负责设计，但工程只进行到准备阶段便停止了，现在只留下一幅曼特纳风格的素描，塑像的容貌酷似维吉尔。费尔拉曾作诗赞美了这个计划，不过不是献给伊莎贝拉，而是献给弗朗西斯科·贡扎加二世，因为伯爵才是真正出钱的赞助者。

伊莎贝拉的宏大抱负常常因为资金短缺而无法完成，

图 118　安德里亚 · 曼特纳，《参孙和达利拉》，约 1495 ～ 1500 年。塑胶，尼龙画布，47cm×37cm。国家美术馆，伦敦。

这幅精美的作品设计应该出自某个精通雕刻、刻石和珍贵大理石的行家之手。与曼特纳众多流行的青铜作品风格一致，这里模仿了珍贵的材质和最值得称道的收藏作品的高贵罗马风格。这幅画与曼特纳的《朱迪斯和哈洛芬斯的头》关系密切，后者现藏都柏林国家美术馆。朱迪斯代表了旧约中的女性美德（伊莎贝拉喜欢隐寓）。曼特纳画中的达利拉则相反，题字上说："坏女人要比魔鬼邪恶得多。"

装饰房间的费用都是从家庭开销中支付的，有时还要变卖珠宝才能凑足经费，她想创造壮丽风格艺术品的念头就这样被消磨了，更没有余力赞助华丽的建筑物。其实在一般人的心中，王妃赞助一些小规模的宗教艺术，或者捐一部分财产给宗教团体就可以了，足以表明他们虔诚的宗教态度。但伊莎贝拉却对流行的世俗艺术和古典艺术恋恋不舍，她即使赞助传统圣经题材的艺术，比如旧约中对善恶的书写，也要模仿古典艺术风格。例如曼特纳作的两幅小巧的灰色画，可能就是给伊莎贝拉作的，画的前景好像光滑石头雕刻的古罗马浮雕，背景好像花纹大理石（图 118）一样，把这两幅画挂在房间的大理石墙上，非常有艺术效果。

伊莎贝拉曾邀请当时很多出名画家为她作肖像，如图拉、达 · 芬奇、曼特纳、提香等人。她希望他们作画时能将她画得比真容更美丽，画中的她也总是打扮得很时髦。

图 119 姜–克里斯多福罗·罗马诺，伊莎贝拉·德·以斯帖纪念章的正面，1498 年。黄金、钻石和珐琅，直径 6.8cm。历史博物馆，维也纳。

这是伊莎贝拉的豪华纪念章，黄金制造，背面刻的是“赠给为她效力的人们”，主要送给她宠信的人。这枚纪念章在她的陈列室里，与贵重的托勒密卡媚浮雕一起，让人很容易产生比较。

武器、勋章、沉甸甸的金链子等在贵族肖像中常用的装饰品，在贵妇肖像中一般是用不上的，因此服装和首饰便显得格外重要。饰满金银珠宝的华丽织锦衣服，使得画中的贵妇如同天使，当然祭坛画中的天使也如同贵妇。阿拉贡的埃丽奥娜拉看到女儿奢华耀眼的衣柜后，认为简直就是圣袍收藏室。作家特里西诺（Giangiorgio Trissino）在著作《肖像》（*Portraits*，1524 年）中写了很多意大利的名媛淑女，其中用十分鲜活的语言描写了伊莎贝拉的外表，他还认为伊莎贝拉把自己打扮得很漂亮，显示出她的慷慨大方，也是富人与他人分享财富的途径，根据新柏拉图主义的观点，外在美是内在美的结果。特里西诺描述了 1507 年伊莎贝拉去米兰大教堂做弥撒的样子：手拿祈福书，身着黑色的金花天鹅绒礼服，腰上系着金扣腰带，头上戴着缀有宝石的发网，闪亮的头发很夺目。达·芬奇那幅受到伊莎贝拉赞许的素描，则细致刻画了她细嫩的指尖（见图 105），现存的伊莎贝拉肖像均与本人面貌极为神似，和纪念章上描述的一样。她有一枚黄金材料制成的四周镶有钻石（图 119）的豪华纪念章，还有 11 块精美的古埃及浮雕，主要用于宝石或装饰品上，是用贝壳、玛瑙和其他的硬材

图 120　古埃及的托勒密王室夫妇，卡媚浮雕，公元前 3 世纪。玛瑙，高 11.5cm。历史博物馆，维也纳。

料雕刻成的（图 120）。

尽管伊莎贝拉喜爱音乐，而且她还收藏了好几本乐谱，但仅有一本是由她赞助的。贡扎加家族在 1510 年成立了一组非常有名的唱诗班，1511 年弗朗西斯科二世任命作曲家卡拉（Marchetto Cara）担任音乐总监，亲自聘请了贡扎加唱诗班的成员和伴奏音乐家，并且确定了圣歌的曲目，这些与伊莎贝拉没有多大关系。不过伊莎贝拉也没闲着，她聘请了一个费拉拉的大音乐家，扩充了宫廷世俗音乐乐团的人数，还购买了不少由最好的乐师制造的乐器。给伊莎贝拉制造乐器的人当中，最重要的是威尼斯的洛伦佐 · 达 · 帕维亚，此人还帮助她与威尼斯的艺术家如乔凡尼 · 贝里尼等人进行交流。

伊莎贝拉并没有因为拉丁文水平不好就动摇对古典文化的喜爱。她在房间内大量添置古董，而且其收藏的程度都可以用“贪婪”来形容了。开始她收藏一些小巧的东西，如宝石、卡媚浮雕、花瓶等，后来逐渐发展到收藏雕塑、圆形浮雕、钱币，大家都知道她在这方面的嗜好，都经常送给她这类礼物。曼特纳的儿子鲁多维克为了讨好她，曾送给她一枚纪念章，并说：“我深知您钟爱这种小玩意。”

图 121　安提可,《阿波罗》,15 世纪晚期。青铜,镀金银,高 40cm。黄金之家,威尼斯。

她还请曼特纳给她设计珠宝首饰,并让人将设计稿交给威尼斯的珠宝雕刻师阿尼克诺(Francesco Anichino),请他照设计稿雕刻。宫廷雕刻家克里斯多福罗·罗马诺不但给她锻造纪念章,还教她应对罗马教廷禁止古董出口的问题,曼特纳和安提可都教她如何辨别古董的真伪好坏。她曾向安提可订购原创作品和根据安提可为主教鲁多维克·贡扎加铸造的青铜像翻制缩微青铜像,这些华丽的青铜像是古典主义雕刻的经典,如阿波罗像(the Apollo Belvedere,图 121)。曼特纳给她制作的仿青铜浮雕画,采用棕色颜料打底,用金彩作外层,与安提可的青铜像有异曲同工之妙。

虽然伊莎贝拉没有足够的财力吸引最优秀的艺术家来曼托瓦,但是她总是想法订购他们的作品。她是意大利第一位以作品本身的艺术特点为条件,而不是作品所描绘的题材,来购买艺术品的宫廷艺术家,她首创了这一传统。比如威尼斯画家吉奥乔尼(Giorgione)刚逝世,伊莎贝拉的经纪人说这位画家有一幅非常美丽的夜景画,她立刻通过一位威尼斯的商人进行购买,只可惜这幅画已被别人买走。

意大利国内外对佛罗伦萨和威尼斯的图画、雕像、工艺品的需求越来越高,离威尼斯不到一百里的曼托瓦的艺术市场也被催生出来,这大概是史上最早的艺术品交易市场。伊莎贝拉曾邀请威尼斯画家乔凡尼·贝里尼,请他为她的工作室作画,乔凡尼说服她买了一幅基督降生的画,因为这是一个十分受欢迎的题材,随时会有很多人再向她购买,她买到手后便将这幅画挂在卧室里。乔凡尼的工作室里顾客来来往往，敏锐的画家很快发现，伊莎贝拉这位尊贵的顾客愿意买任何画，只要能买得到。伊莎贝拉的人缘很广，她能及时掌握像达·芬奇这种大画家的最新动态，例如她从一封信中得知大师作了一幅令人叹为观止的大型草图。

伊莎贝拉的第一个工作室位于城堡内的一座塔楼中，尽管工作室内的古典寓言画不是宫廷艺术家作的，而是她别出心裁地委托意大利当时的著名画家作的，但是这个工作室基本上是仿照她伯父（波尔索和雷奥内罗）在费拉拉的工作室建造的。伊莎贝拉原打算让曼特纳独立完成房间的所有画作，不过他的速度太慢，不能按时完成所有作品，她只能改变这个想法，而后来曼特纳只完成了其中的两幅杰作，准备作第三幅时就去世了。曼托瓦诗人帕里德·达·切雷萨拉（Paride da Ceresara）和威尼斯学者皮特洛·本博（Pietro Bembo）一起构思了这些画作，其实在文艺复兴时期，赞助者与人文学者共同构思画作的故事内容并不常见，但在作为伊莎贝拉出生地的费拉拉宫廷却很常见，像斯克法诺宫的壁画就是其中一例。不过以说故事出名的艺术家不愿意接受人文学者的想法，阿尔伯蒂就曾明确表示虚构图画的寓言是作品最主要的部分，人文学者没有这种能力。比如这个系列的两幅佳作均来自曼特纳，一幅是《巴那塞斯山》（*Parnassus*，1497年），一幅是《智慧女神雅典娜在美德之园除恶》（*Pallas Expelling the Vice from the Garden of Virtue*，图 122），可能是因为曼特纳声名显赫，可以自由地任意发挥，而不用考虑他人的想法。

意大利当时最著名的画家佩鲁吉诺（卢卡·范切利的女婿），在经过一段艰苦的创作后，完成了作品《情欲与贞节交战》（*Battle of Love and Chastity*，1505 年）。洛伦佐·科斯塔（Lorenzo Costa）的画作《和平艺术之园》（*the Garden of the Peaceful Arts*，图 123），是在伊莎贝拉的姐夫和科斯塔的赞助人博洛尼亚的本提沃格里奥（Antongaleazzo Bentivoglio）的建议下完成的，报酬也是由本提沃格里奥支付的。曼特纳的姐夫乔凡尼·贝里尼，虽受到伊莎贝拉的邀请，但并没有来到这个工作室，于是伊莎贝拉向博洛尼亚画家弗朗西斯科·弗兰西亚（Francesco Francia）订了一幅画（1510 年该画作被拿出

图 122 安德里亚·曼特纳，《智慧女神雅典娜在美德之园除恶》，约 1499 ~ 1502 年。布面蛋彩画。卢佛尔宫，巴黎。

这幅精彩的幻想之作，是曼特纳与顾问帕里德·达·切雷萨拉合作而成的。这幅画的意思是象征伊莎贝拉的智慧女神雅典娜，手持一只断枪，冲进带有围墙的花园内，驱逐墙面上的“恶行”并取得完全的胜利。左边痛苦的树象征“被遗弃的德行”，树杆上的拉丁文、希腊文、希伯来文，正在邀请天堂的“美德”。如“正义”、“坚强”、“克制”、“谨慎”重返人间，驱逐“邪恶的妖魔”，这些表现为奇特的人物造型，如没有手的“懒惰”，像猴子的“憎恨”、“怨愤”、“欺骗”，其中伊莎贝拉自称具备的美德“谨慎”被囚禁在右边墙内。曼特纳构思故事的高超技能可以从爆发的火山、侧面的乌云以及肥沃的河流中体现出来。

了工作室)。曼特纳于1506年逝世后,他未完成的作品《柯穆斯》(*Comus*)由洛伦佐·科斯塔继续完成。很显然,被伊莎贝拉挑上的画家,不仅由于其才华,还和其家族渊源及个人人脉有关。波提切利告诉伊莎贝拉在佛罗伦萨的代理人,他很乐意为伊莎贝拉的工作室作画,但由于他不是侯爵夫人伊莎贝拉圈子里的人,因此一直未能如愿。

伊莎贝拉把曼特纳的画当成蓝本请其他艺术家完成,每位画家都能收到画作的图像说明,其中关于尺寸、材料和曼特纳的一样,材料也是用油彩,涂油质的去光剂,还有一根长度和曼特纳画中最大人物等高的线,洛伦佐·科斯塔和佩鲁吉诺还收到了构思的草图。不过,佩鲁吉诺和贝里尼不断地制造麻烦,像佩鲁吉诺就为裸体的维纳斯加了衣服,这让伊莎贝拉很不高兴,她觉得画家是为了炫技,却把画作的味道改变了。皮特洛·本博向伊莎贝拉谏言:贝里尼喜欢自由发挥,不愿意自己的风格被严格限制。伊莎贝拉似乎很快从工作室的赞助计划中得到了教训:于是曼特纳一死,她立刻聘请了洛伦佐·科斯塔来代替曼特纳。

当儿子费德里克正式成为曼托瓦的第五代侯爵时,伊莎贝拉的角色也逐渐在被取代,大臣开始朝费德里克和他妻子马格利特·帕雷欧洛果(Margherita Paleologo)献忠,她的家庭教师艾奇科拉也离她而去。新侯爵费德里克邀请的画家都是最出色的艺术家,除了提香、安东尼奥·科瑞吉奥(Antonio Correggio)外,还把拉斐尔最有才华的学生朱里奥·罗马诺任命为曼托瓦宫廷艺术家。费德里克对那些直接大胆的色情作品比较感兴趣,这种欣赏品位看起来和母亲很不相同。无论如何,伊莎贝拉依旧充满活力而且宽容慈爱。她甚至用"贪得无厌"、"饥渴"这种词来形容自己对艺术和古董的渴望,不过,由此也看出她是用相对庸俗的手段来接触艺术的;很可能她赞助艺术的目的,就是利用权势吸引艺术家和其他人才为她效力,早些时候人们曾把她贴切地比喻为磁石。她的品位也可以通过科瑞吉奥为她作的画中略窥一二,她很喜欢的一幅,虽然外面是道貌岸然的外衣,但其中的色欲成分是很明显的;提香的情欲色彩浓厚的《抹大拉的马利亚》她也非常喜欢。尽管她的几个女儿后来出家当了修女,但她的儿子费德里克继承了她喜欢交际的性格,还有对世俗品位艺术的爱好,当然也延续了她在艺术品中对世俗安乐的追求。

图 123 洛伦佐·科斯塔，《和平艺术之园》，1504～1506 年。布面蛋彩画和油画，160cm×190cm。卢佛尔宫，巴黎。

这幅画的寓言可能来自帕里德·达·切雷萨拉，丘比特正准备加冕的那位女士代表伊莎贝拉，她统辖了各门艺术，并受马尔斯和月神安娜保护，和平乐园里面显得平静祥和。别的人物有代表音乐的，前景中和牛在一起的女子代表农事诗，正在和羊交谈的女子代表田园诗，头上戴着羽毛制成的帽子的男子代表绘画，他们都受到左方士兵的保护。

第七章

继承与创新

图 124　曼托瓦诺及其助手,《巨人厅》(局部),朱里奥·罗马诺绘草图,1530～1532 年。壁画,德泰宫,曼托瓦。

建在沼泽地上的德泰宫有双层地基,墙壁相当厚,原先的粗石砌成的壁画部分已经损毁。在精心营造下,整栋建筑显得很怪异,有一种支离碎裂的感觉。那个被瓦萨里认为是空炉的拱顶,就在壁画最惊心动魄的部分,主神朱庇特正在用霹雳击败巨人,让人有崩塌的感觉。壁画处处相连,使房间犹如旷野的大平原,这种效果让瓦萨里极为惊叹,尤其在生火的时候,怪异的巨人好像在火中燃烧一般。

卡斯提利昂在 1513 到 1519 年间写成的《朝臣记》一书,是 1506 年乌尔比诺宫廷的活"肖像"。此书汇集了身居高位的朝臣们在晚间的对话,书中的对话高雅而生动。这种晚间对话由乌尔比诺公爵夫人伊莎贝拉·贡扎加主持(她的丈夫,跛腿多病的圭多巴多·达·蒙特菲尔特罗已卧病在床)。在写作这本书的时候,意大利正处在政局动荡的痛苦之中。1494～1495 年间,法国侵占了那不勒斯,接着又于 1499 年侵略米兰,使当地的局势更加混乱(到 1528 年《朝臣记》出版的时候,米兰的大大小小的政府有 11 个之多)。卡斯提利昂在米兰宫廷长大,看到公爵鲁多维克·史佛尔扎的艺术珍品散失在外,非常痛心。圭多巴多被教皇亚历山大六世废黜,在外流亡,1520 年卡斯提利昂与他在曼托瓦会面,后来继任的教皇尤里乌斯二世是圭多巴多的亲戚,所以又恢复了圭多巴多的政权,此后卡斯提利昂开始为圭多巴多效力,亲历了宫廷没落的景象。

当一个政府被推翻后,当地的艺术家、音乐家、作家、建筑师就会搬到别的地方,罗马是最有吸引力的。1503～1513 年在位的教皇尤里乌斯二世有一个宏伟的计划,就是恢复罗马昔日的荣光,把这里建成为基督教中最辉煌、最光彩的宫廷。我们发现,当时最伟大的建筑师和艺术家伯拉孟特、米开朗琪罗、拉斐尔、朱里阿诺·达·森格罗(Giuliano da Sangallo,他是洛伦佐·德·美第奇和阿方索最喜爱的建筑师)等,全都来到了罗马。枢机主教们——许多都出身于宫廷贵族阶层,拥有声名显赫的宫廷,有固定的家产和教会收入。他们为自己建起豪华的宫殿,收藏奇珍异宝、古董雕塑、纪念章和插图精美的书本。

人文学者保罗·科提斯在1510年的《论枢机主教》（*De Cardinalatu*）中认为，枢机主教应该和王侯一样装饰自己的宫殿，风格要壮丽高雅。

到了教皇利奥十世（Pope Leo X）在位的时候，罗马也达到了更加辉煌华丽、肆意放任的程度。但罗马的梦想还是破灭了。非意大利裔教皇艾德里安六世(Adrian Ⅵ)登位（1521年）后，远离了前辈们浮华铺张和低级的“俗风”。卡斯提利昂曾在罗马怅然写道：“我似乎来到了一个新的世界，罗马已不是从前了。”到了1527年，帝国军队侵占罗马后大肆搜刮，艺术家们被迫搬到别的地方，各类人才四散逃亡，他们适应新环境的能力很强，这也使宫廷的艺术风格向外传播，宫廷艺术也在这个过程中不断变化。宫廷艺术家在罗马接触到古代遗迹后，被其深远影响，作品中有了新的活力与雄浑的气魄。

上个世纪宫廷的自信在这个世纪已经不再稳固，波尔索·德·以斯帖在费拉拉平原上建了一座巨大的假山，鲁多维克·史佛尔扎在对立的政权间中饱私囊。鲁多维克以前对战争毫不关心，只关注艺术，现在却认为人文主义的理想不过是唬人的玩意，那些在朝为官的学者曾因他壮丽的品位和优美的德行而不吝赞美之词，但现在他却没一个可以落脚的地方。在1500年的遗嘱中，他告诫儿子们必须要依靠军队和堡垒才能生存。马基雅维利在1513年写的《君王论》（*The Prince*）中强调，只有现实地看清楚自己的处境，才能行使属于自己的权利，他说：“一个人的现实生活，和他的理想生活是完全不同的，如果放弃自身原有的成绩，去追求虚无的梦想，那肯定是毁灭的结局，而不是成功。”伯爵们身兼王侯和雇佣军队长两个身份，矛盾之处在所难免，宫廷因此积极地提倡人文主义的同时也宣扬骑士文化，这种情况下的艺术是在追逐理想，而不是反映无情的政治现实。

卡斯提利昂的朋友，乌尔比诺的拉斐尔（1483～1520年）从小受宫廷艺术理念的熏陶，对宫廷理念的传播有很大的作用。作为圭多巴多夫妇的宫廷艺术家珊提的儿子，拉斐尔在浓厚的宫廷艺术氛围中成长，这样的气氛曾令卡斯提利昂回味不已。虽然拉斐尔未被宫廷正式录用，但曾多次接受宫廷的委托。维提接替拉斐尔的父亲成为圭多巴多的宫廷艺术家后，拉斐尔于1490年受教于他，后来拉斐尔还向佩鲁吉诺学习绘画。1508年，教皇尤里乌斯二世邀请拉斐尔来到罗马，他的绘画艺术在罗马到达完美的境地，瓦萨里认为这是他钻研大师作品的成就。拉斐尔的声望迅速飙升：拥有了自己的豪宅，如果不是早逝，他可能升为枢机主教，成为第一个当上王侯的艺术家。

拉斐尔有一批专门根据他的草图来作画或雕版的助手，因此这些草图和雕版画向全国各地流通，对当地艺术家的影响很深。提香在为公爵阿方索·德·以斯帖作画时，拉斐尔为阿拉贡的乔凡纳（Giovanna of Aragon）所作的肖像草图便深深地打动了他。还有一回，趁赞助者正在欣赏马术比武时，提香和费拉拉的宫廷艺术家多西（Dosso Dossi）一起偷跑到曼托瓦，观看拉斐尔的《卡斯提利昂肖像》（*Portrait of Baldassare Castiglione*，图125）。在这幅画中，宫廷艺术家的理想得到充分表现：优雅、恰当以及闲适，不过在轻松的姿势背后有着更加深层的含义。卡斯提利昂曾对大臣们说："无论发生什么事，都要镇定自若，不要有一点技巧，任何的言行都要显得自然淳朴，决不能做作。"

图125 拉斐尔，《卡斯提利昂肖像》，约1514～1515年。布面油画，82cm×67cm。卢佛尔宫，巴黎。

画中伯爵的脸部并不对称，两只眼睛也不一样，这反而让这幅名画更为生动。这或许和卡斯提利昂自己的意见有关，他说肖像画不一定非要追求和谐，这样很容易导致做作，画中有不完美甚至缺失的地方，用作对比之用，或许观众更容易发现和谐的妙处。

年轻的费德里克·贡扎加作为人质呆在梵蒂冈的贝尔弗德瑞宫（1509年）时，拉斐尔也在梵蒂冈，正为教皇尤里乌斯二世的房间绘制壁画，米开朗琪罗正在隔壁给西斯廷（Sistine）礼拜堂的天花板增绘壁画。1519年费德里克·贡扎加成为曼托瓦的第五位侯爵，他决心把曼托瓦改得像梵蒂冈那样壮美。他请热情的威尼斯作家阿瑞提诺作他的经纪人，伯爵卡斯提利昂担任大使，并在1524年成功地把拉斐尔的大弟子朱里奥·罗马诺请到了曼托瓦。后来阿瑞提诺也提供过类似的服务，在法国国王法兰西斯一世以及西班牙皇帝查理五世面前，他用如花妙笔不遗余力地宣传提香、罗梭·费奥伦蒂诺（Rosso Fiorentino）等著名艺术家。

宫廷画师兼建筑师朱里奥·罗马诺在曼托瓦待了22年，雕刻家兼金匠本威努托·切利尼（Benvenuto Cellini，1500～1571年）发现他在那里"过得像地主一样"。曼特纳搞创作时很少让自己的助手帮忙，而朱里奥·罗马诺则会委派大批的学生来执行他那极为丰富的想法。朱里奥的作品丰富，且多有色情成分，现代绘画语言所表现的古代原型，高超的错觉艺术手法，这些都表明了他对15世纪宫廷理念的承继与顺应。德泰宫(Palazzo del Te)中的赛姬厅，其主旨是愉悦大众(图126)，巨人厅(Sala dei Giganti)则是对其高超的错觉艺术手法的疯狂炫耀，为了让观众激动、叹服(见图124)。在设计这座宫殿时，朱里奥偏离传统，采用不对称手法，收到了现在的令人惊异的效果。

由于宫廷的重视和倡导，在朱里奥·罗马诺负责装饰的房间里，欢闹(*ilarità*)、娱乐(*delizie*)的气质和装饰性的幻觉感得到充分体现，不过他的错觉艺术手法和曼特纳有很大不同，没有轻快的情调，有的是把观众吓得眼花缭乱的效果，这也是动乱时代的极端反映。宫殿壁画只是寻欢作乐，以往宫廷艺术的精神已经不复存在了。“自大又幻想的”德泰宫与这个“虚有其表的”政权是有关的，这个政权依附于教廷，侵略法国和西班牙。当然16世纪就是大国吞并小国的强权时代，曼托瓦和路卡是当时幸存的几个小国家，因而这个时代的艺术有一种惊悚(*terribilità*)的特质，瓦萨里曾用这个词描述米开朗琪罗和马佐尼的作

品，这也是16世纪教皇和王侯的可怕权力的反映。

装饰赛姬厅的神话场景壁画风格主要是宫廷提倡的。多明我会的修士们认为这是关于精英分子的，而平常百姓在日常生活中见识的都是基督教艺术，所以他们没法理解这些神话故事的真正内涵。比如他们把赫拉克勒斯误作参孙，把维纳斯误作抹大拉的马利亚，对他们甚是恭敬。阿方索·德·以斯帖的视觉迷幻屋（*camerino*）中的神话题材画，是对古代杰作的存心模仿（图127），同时也可以让赞助者纵情于对性感裸女的欣赏之中，画家妙笔塑造出雕塑般的立体感尤其令人倾倒。

在母亲伊莎贝拉·德·以斯帖和舅舅阿方索·德·以斯帖一世的影响下，费德里克·贡扎加二世也热衷于收藏第一流画家的作品。但正如佛罗伦萨的人文主义者波吉奥·布拉乔利尼（Poggio Bracciolini）所说，艺术收藏本身并不是高尚的标志。他在《论尊贵》（*De Nobilitate*）一文中告诉洛伦佐·德·美第奇家族的人，如果收藏艺术品代表一个人出身尊贵，那么"当铺老板就都成贵族了"。16世纪的宫廷喜欢收藏旷世名画，这种趋势表现了对名声的追求，自娱的同时提高自己的品位。阿方索·德·以斯帖向父亲和姐姐学习，让大使和外交官做他的密探，一旦发现优秀的作品或艺术家，立刻向他汇报（他房间里都是佛罗伦萨、威尼斯、罗马艺术大师的作品）。经纪人的信中会详细介绍画家的风格，有关艺术鉴赏的术语也越来越多。

瓦萨里在1550年写了《艺术家列传》，1568年再次修订，这是献给托斯卡纳公爵科西莫·德·美第奇的。他认为优雅的才是美丽的。在卡斯提利昂的影响下，他认为艺术家的作品应不着痕迹，显示出其技艺的纯熟（*facilità*）与迅捷（*prestezza*）。对这两个方面的看重，毫无疑问是由于宫廷对艺术家的创作速度以及壁画和油画技法的熟练水平有很高的要求。比如阿尔伯蒂便一直强调"认真"（*diligenza*）与"迅速"要同时做到。卡斯提利昂甚至建议，一幅画不应该过度修饰，但应该在画中暗示出画家的技艺已经炉火纯青，即使有所保留也不妨碍此作品成为杰作。这与费德里克·达·蒙特菲尔特罗和阿方索·德·以斯帖的象征物——炮弹——有着不可否认的关系：炮弹，一个将爆未爆的意象。这种"未完成"（简约）的画风——

图126 朱里奥·罗马诺和曼托瓦诺、帕格尼·达·佩西亚及其助手，《丘比特和普塞克的婚宴》，1527～1530年。壁画，德泰宫，曼托瓦。

据瓦萨里的说法，朱里奥·罗马诺一般先画下草图，他的几个学生动手画好之后，他再进行修改，最后的作品就像全部是他亲自画的（这种技巧是从拉斐尔那里学的）。这个房间的壁画大半就是这样画成的。不过，画中酒神巴克斯身边的餐具架是朱里奥·罗马诺亲自完成的。瓦萨里发现上面"这几排瓶瓶罐罐很稀有，光彩明亮，简直就是真金白银打成的"。查理五世国王1530年4月访问曼托瓦的时候，独自在赛姬厅进餐，而费德里克二世贡扎加在旁边恭候。

图 127 提香，《酒神巴克斯与阿里阿德涅》，约1523年。布面油彩画，170cm×190cm。国家美术馆，伦敦。

这是提香为阿方索·德·以斯帖公爵的“雪花石膏视觉迷幻屋”（因里面有安东尼奥·伦巴底创作的雪花石膏浮雕而得名）所作的三幅神话题材作品之一。这个房间在柯珀尔塔街（一条连接宫殿和城堡的通道）旁边。房间里有贝里尼的《众神之宴》（图 14），还有费拉拉宫廷画师多西的画。公爵曾向拉斐尔和佛罗伦萨大师弗拉·巴多罗米欧订购以酒神狂欢为题材的画，但他们并未实际创作。提香为这个房间作了三幅画，全部是神话题材，这幅是其中的一个。这个场面源自古典文学故事，画中公爵养的印度豹，活力十足。

在提香晚年的作品种得到了大胆的表现　属于这样一个艺术世界：它更看重艺术家旺盛的创造力和行云流水的笔法，而不是精致的技术。

在《朱里奥·罗马诺传》（*Life of Giulio Romano*）中，瓦萨里称身兼画家、建筑师、设计师的非凡的朱里奥，其“基础无人能比”（朱里奥是拉斐尔的学生，相当于贵族子弟），“豪放，自信，与创造力也独步一时。他多才多艺，作品数量丰沛，技术炉火纯青；他谈吐优雅，笑口长开，和蔼可亲，彬彬有礼”。而在 16 世纪 50 年代以前，许多宫廷艺术家都像他这样专业技术和社交素养兼备。瓦萨里还发现，艺术家在宫廷的生活中充斥着妒嫉与欲望，没有适合家庭生活和艺术消遣的优闲环境，不过闲适的生活却不能刺激艺术家取得伟大的成就，而名声和利益却可以，而要想名利双收只有依靠贵族的赞助。这一点连佛罗伦萨的瓦萨里也无法否认，他虽然强调在佛罗伦萨的艺术家要比其他地方优越得多，但也承认只有宫廷的奖赏才是艺术家更上一层楼的最佳动力。马萨其奥（Masaccio）和米开朗琪罗也这么认为，获得名声的最好方式是离开佛罗伦萨，到罗马教廷开创新的天地。

瓦萨里在《佩鲁吉诺传》（*Life of Perugino*）中有一段著名的文字，说的就是佛罗伦萨与宫廷艺术气氛的差别。佛罗伦萨的艺术家在三个因素的激励下追求艺术的完美：一是对其作品不间断的批评，让佛罗伦萨的艺术家必须不断超越，因为仅凭他的地位并不能让人折服；二是生活的压力必须努力不懈，因为这个城市周边没有物肥水美的农村，不足以供养城市的居民；三是对名誉的强烈渴望。但是，一个艺术水平完美的艺术家，如果得不到足够的报酬或者相应的社会地位，被人们认可的愿望一旦不能实现，他们将会形成愤世嫉俗的态度。因此，艺术家如果在佛罗伦萨已经学会所有该学的知识，既想获得财富又不想像动物那样重复单调的生活，那么他应该和大学的学者那样，离开这个城市到别的地方卖画，当然要说自己来自伟大的佛罗伦萨。

实际上，艺术家和人文学者去宫廷追名逐利对文艺地位的提升是有所助益的。像曼托瓦、费拉拉、乌尔比诺这些比较小的宫廷，艺术家和人文学者们受宠的机会就更多了。皮特洛·本博和卡斯提利昂等人文学者很怀念在宫廷

时的那种亲密氛围，尤其是在佩萨罗的亚力山德罗·史佛尔扎宫廷和乌尔比诺的蒙特菲尔特罗宫廷受宠的日子。后人可能容易将宫廷和堕落、奢靡联系在一起，但正是在这种环境下，文艺复兴时期艺术家找到了一定的自主权。

宫廷里显赫的赞助者施予的名和利，究竟有多大的诱惑力？提香的艺术生涯，比其他大多数艺术家更能说明这个问题。在其艺术生涯的早期，提香曾欺骗一位罗马教皇的使节。这位使节向画家订购了一件祭坛画，提香完成之后，故意把侧边的一幅板面画[一幅华丽的圣·塞巴斯蒂安(St.Sebastian)裸体像]卖给阿方索·德·以斯帖，并用一幅仿作取代。提香的赞助者中，位高权重者不乏其人，除了在任的几位教皇，费德里克·贡扎加二世、哈布斯堡(Habsburg)查理五世和腓力二世(Philip Ⅱ)都在此列。他不仅作祭坛画，还作肖像和装饰画。1530年左右给费德

图 128　提香,《费德里克 · 贡扎加二世》,约 1530 年。板面油画,120cm×99cm。普多拉美术馆,马德里。

里克·贡扎加二世作的那幅肖像(图128),不仅表达了赞助者那种坚定的自信,而且也表明了画家自己对这种最具宫廷风格的艺术形式的谙熟。提香不像曼特纳那那样坚持肖像必须从写生入手,他借助纪念章、微型人像或者其他画作就可以抓住人物的形貌。费德里克十分迷恋提香的肖像画技法,并借提香来增进他和查理五世的关系。提香为神圣罗马帝国皇帝作的一幅肖像,让他挣了500斯库多银币(scudi,500斯库多大约相当于500达克特金币),并且获得了巴拉丁伯爵和金马刺骑士(King of the Golden Spur)的头衔。

提香、米开朗琪罗、拉斐尔等艺术家,虽然在宫中赢得了名望,但并未谋得一个终生宫廷职位,他们要利用自己的人脉关系来保证其独立地位。米开朗琪罗发现自己的处境令人艳羡,因为曾先后拒绝过土耳其(Turkish)皇帝、法兰西斯一世、查理五世、威尼斯的贵族以及佛罗伦萨公爵科西莫·德·美第奇等人的延请。那些以宫廷为家的艺术家,认为米开朗琪罗的"特权"可能还包括孤傲的举止和在一定程度内自由地进行艺术创作,但他仍然希望寄人篱下,为宫廷"服务"。1558~1562年,雕刻家本威努托·切利尼在一本自传中,将宫廷艺术家的这种依赖性说得很明白,书中还记录了他的赞助者法兰西斯一世对他说过的话:"本威努托,你们这些聪明人真是太自大了,竟然不承认仅凭自己努力是绝不能展现你们的才华的,只有在我们给予了足够的条件,你们才有可能取得一些成就,所以你们最好明白这一点,不要骄傲地完全以自我为中心,还是听话一些比较好。"

世系表

以下世系列表为了更加清楚而作了必要的简化

……表示非嫡出

1. 那不勒斯王国的阿拉贡家族统治者

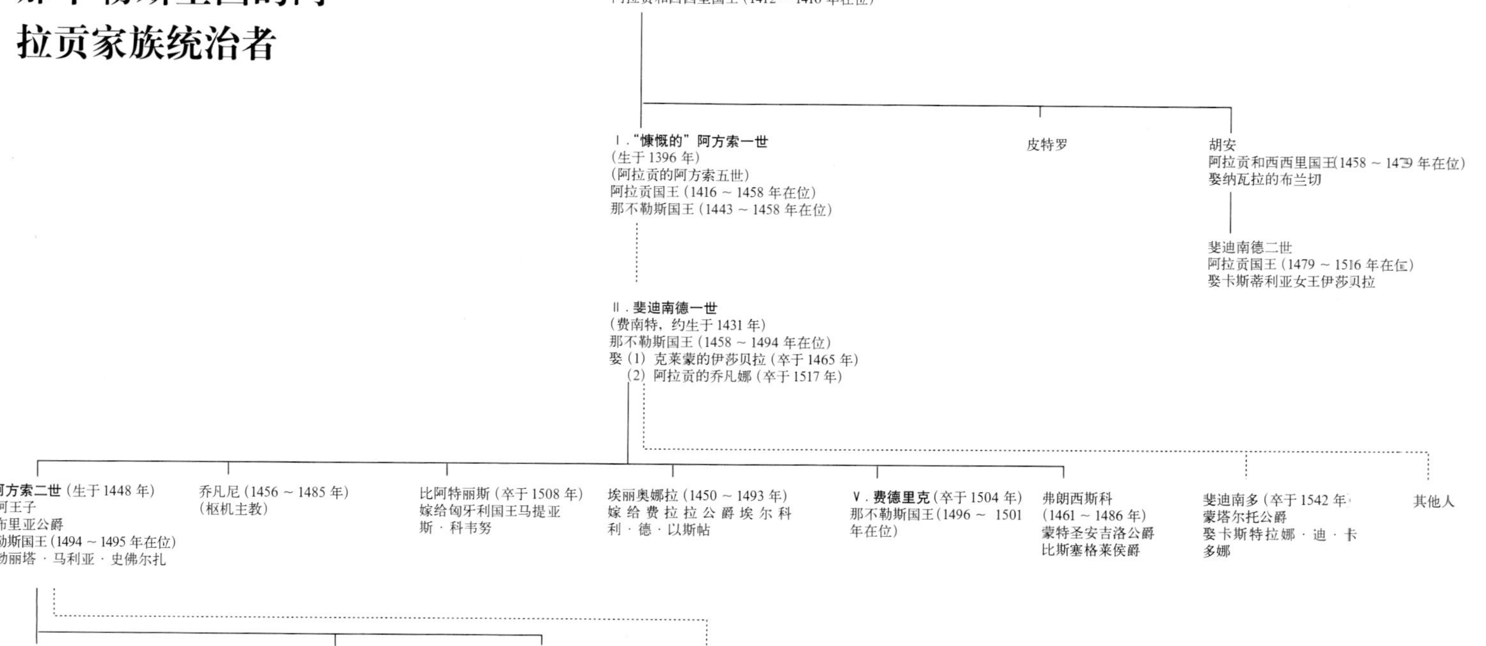

罗家族统治者

Ⅰ. 安东尼奥
蒙特菲尔特罗伯爵（1154 ~ 1155 年）
Ⅱ. 布昂康特
蒙特菲尔特罗和乌尔比诺伯爵（1213 ~ 1241 年）
Ⅲ. 蒙特菲尔特拉罗
蒙特菲尔特罗伯爵等（1241 ~ 1255 年）
Ⅳ. 奎多（1255 ~ 1298 年）
蒙特菲尔特罗伯爵等（1292 ~ 1296 年）
娶康斯坦齐娅
Ⅴ. 费德里克一世
蒙特菲尔特罗伯爵等（1296 ~ 1322 年）
Ⅵ. 诺尔佛
蒙特菲尔特罗伯爵等（1323 ~ 1359 年）
Ⅶ. 安东尼奥
蒙特菲尔特罗伯爵等（1377 ~ 1404 年）
娶阿格尼西娜 · 德 · 普瑞费提 · 迪 · 维克欧
Ⅷ. 奎丹东尼奥（生于 1378 年）
蒙特菲尔特罗伯爵等（1404 ~ 1443 年）
娶（1）蕾加达 · 马拉特斯塔（卒于 1423 年）
（2）凯特丽娜 · 柯隆那（卒于 1438 年）
Ⅸ. 欧丹东尼奥
（生于 1427 年）
乌尔比诺公爵
（1443 ~ 1444 年）
比安奇（生于 1427 年）
娶法恩莎的奎丹东尼奥 · 曼弗雷蒂
维奥兰特
娶多米尼克 · 马拉特斯塔
（马拉特斯塔 · 诺沃勒）
切赛纳的领主
阿格尼西娜
嫁给卡斯提利昂的亚力山德罗 · 贡扎加
苏伊瓦（卒于 1478 年）
嫁给佩萨罗的亚力山德罗 · 史佛尔扎
Ⅹ. 费德里克二世（生于 1422 年）
乌尔比诺的领主（1444 ~ 1474 年）
乌尔比诺公爵（1474 ~ 1482 年）
法诺领主（1463 ~ 1482 年）
娶(1) 简提尼 · 布兰卡蕾欧(卒于 1457 年)
(2) 巴蒂思塔 · 史佛尔扎（卒于 1472 年）
奥拉
嫁给伯纳迪诺 · 乌巴迪尼 · 德拉 · 卡
欧塔维亚诺
伊丽莎白
（卒于 1461 年）
嫁给罗伯特 · 马拉特斯塔
乔凡纳（卒于 1514 年）
嫁给乔凡尼 · 德拉 · 罗
康斯坦齐亚
嫁给安东尼罗 · 珊西维利诺
萨勒诺王子
阿格尼西娜
嫁给法布里奇奥 · 柯隆那
马力诺的领主
维奥兰特
加勒奥托 · 马拉特斯塔
吉亚拉
（修女）
Ⅺ. 圭多巴多（1472 ~ 1508 年）
乌尔比诺公爵（1482 ~ 1503 年）
娶伊丽莎白 · 贡扎加（卒于 1526 年）
安东尼奥
娶伊米莉亚 · 比亚 · 达 · 卡尔皮
简提尼
娶阿戈斯提诺 · 达 · 坎普弗雷戈萨
费德里克
（早殇）
Ⅻ. 弗朗西斯科·马利亚一世 · 德拉 · 罗韦尔（1490 ~ 1538 年）
乌尔比诺公爵（1508 ~ 1516 年，1521 ~ 1538 年）
娶伊蕾诺拉 · 艾珀丽塔 · 贡扎加
（卒于 1570 年）
马利亚
嫁给（1）维兰奇奥 · 瓦拉纳
（卒于 1503 年）
（2）加列阿佐 · 史佛尔扎（卒于 1472 年）
康斯坦齐亚
（卒于 1507 年）
迪欧达塔
阿斯卡尼欧 · 柯隆那
宣称拥有乌尔比诺的主权
（1522 ~ 1530 年）
维多利亚 · 柯隆那
佩斯卡拉侯爵夫人

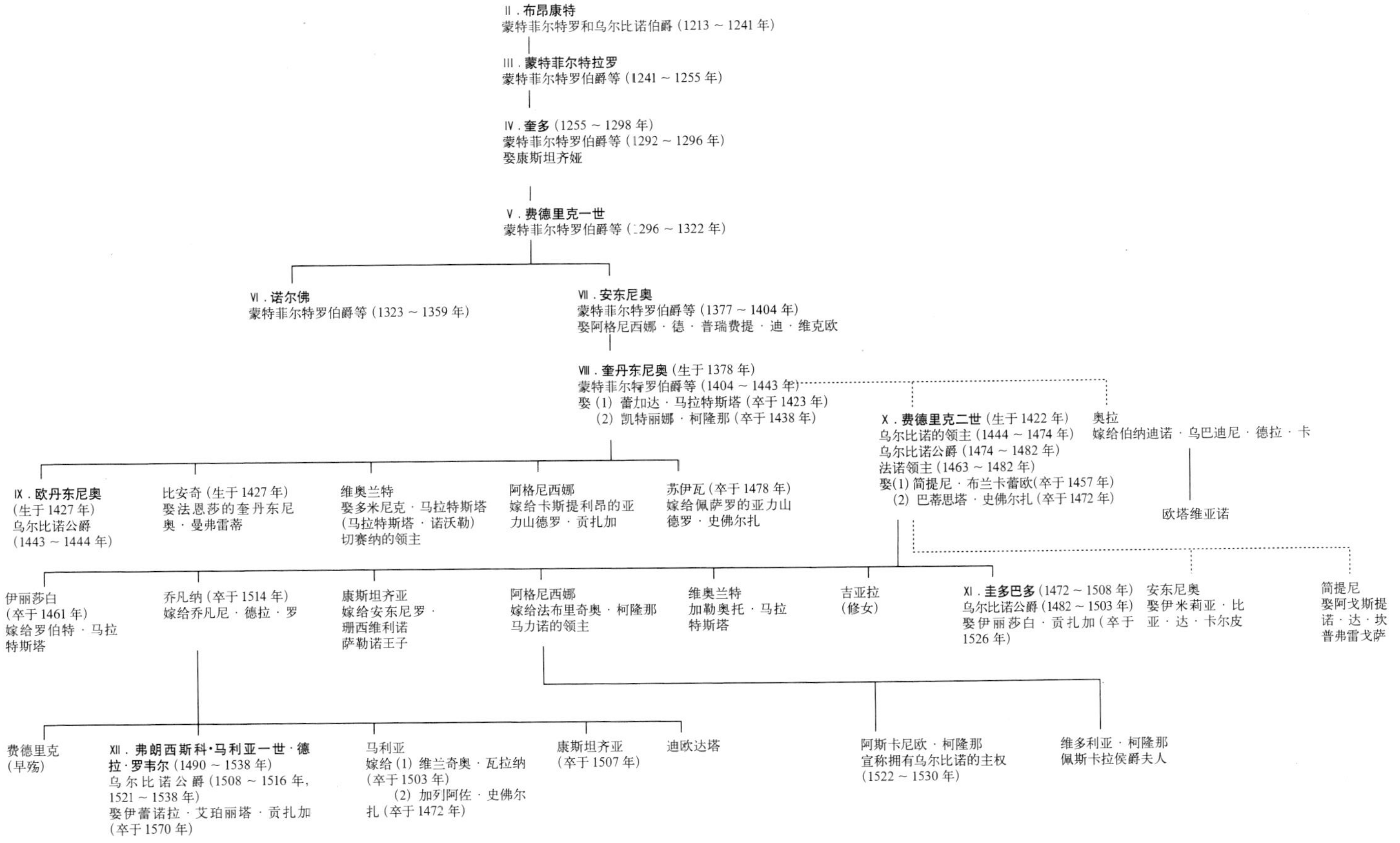

3. 米兰的维斯康提家族统治者

乌贝托 · 维斯康提
（卒于 1248 年）

奥比佐 · 维斯康提

泰巴多 · 维斯康提
（卒于 1276 年）

Ⅰ. **马特欧 · 维斯康提一世**（1250 ~ 1322 年）
人民首领（1287 ~ 1302 年）
帝国代理人（1311 ~ 1322 年）
娶勃娜柯莎 · 迪 · 斯科西诺 · 勃瑞（卒于 1321 年）

Ⅱ. **加列阿佐·维斯康提一世**
（约 1277 ~ 1328 年）
米兰贵族、帝国代理人（1322 ~ 1327 年）
娶比阿特丽斯 · 德 · 以斯帖（卒于 1334 年）

Ⅲ. **阿佐内 · 维斯康提**（生于 1302 年）
米兰共主（1329 ~ 1339 年）
娶萨伏依的凯瑟琳（卒于 1388 年）

Ⅴ. **乔凡尼 · 维斯康提**（1290 ~ 1354 年）
米兰大主教（1339 ~ 1354 年）
米兰共主（1339 ~ 1349 年）
米兰领主（1349 ~ 1354 年）

Ⅳ. **卢奇诺**（1292 ~ 1349 年）
米兰共主（1339 ~ 1349 年）
娶（1）萨卢索的维奥兰特
（2）凯特丽娜 · 斯皮诺拉
（3）伊莎贝拉 · 菲埃斯基

斯蒂弗诺 · 维斯康提（卒于 1327 年）
阿罗纳共主（1325 年）
娶瓦伦蒂娜 · 多丽亚

Ⅵ. **马特欧 · 维斯康提二世**（约生于 1319 年）
共主（1354 ~ 1355 年）
娶吉葛丽欧拉 · 贡扎加（卒于 1356 年）

凯特丽娜
（卒于 1382 年）
嫁乌戈里诺 · 贡扎加

安德蕾娜
（修女）

Ⅶ. **博纳博 · 维斯康提**（1323 ~ 1385 年）
米兰共主（1354 ~ 1378 年）
娶丽贾娜 · 德拉 · 斯加娜（卒于 1384 年）

Ⅶ. **加列阿佐·维斯康提二世**
共主（1354 ~ 1378 年）
娶萨伏依的布兰奇（卒于 1387 年）

马可（卒于 1382 年）
娶巴伐利亚的伊丽莎白

鲁多维克
（卒于 1404 年）

卡罗（卒于 1404 年）
娶阿马尼亚克的比阿特丽斯

芙德（卒于 1403 年）
嫁给奥地利公爵利奥波德三世

泰迪娅
（卒于 1381 年）
嫁给巴伐利亚公爵斯蒂芬三世

露西娅
（卒于 1424 年）
嫁给兰德肯特公爵埃德蒙 · 霍

阿格涅瑟
（卒于 1391 年）
嫁给弗朗西斯科 · 贡扎加

瓦伦蒂娜
（卒于 1393 年）
嫁给卢西格南的彼得一世塞浦路斯国王

安东尼娅
嫁给埃弗拉德三世乌登堡伯爵

玛塔莲娜
（卒于 1404 年）
嫁给腓特烈
巴伐利亚公爵

伊丽莎白
（卒于 1432 年）
嫁给欧内斯特
巴伐利亚公爵

凯特丽娜
（卒于 1404 年）
嫁给姜－加列阿佐 · 维斯康提

维奥兰特（卒于 1386 年）
嫁给（1）莱昂内尔，克拉伦斯公爵
（2）西康迪特 · 帕莱奥洛戈，孟法拉托侯爵
（3）鲁多维克 · 迪 · 博纳博 · 维斯康提

Ⅷ. **姜－加列阿佐 · 维斯康提**
（生于 1351 年）
米兰领主（1378 ~ 1395 年）
米兰公爵（1395 ~ 1402 年）
娶（1）瓦卢瓦的伊莎贝拉（卒于 1372 年）
（2）凯特丽娜 · 迪 · 博纳博 · 维斯康提

比阿特丽斯
（卒于 1410 年）
嫁给乔凡尼 · 安古索拉

马利亚
（卒于 1362 年）

Ⅸ. **乔凡尼 · 马利亚 · 维斯康提**
（生于 1388 年）
米兰公爵（1402 ~ 1412 年）
娶安东尼娅 · 马拉特斯塔

Ⅹ. **菲利波 · 马利亚 · 维斯康提**（生于 1392 年）
帕维亚伯爵（1402 ~ 1447 年）
米兰公爵（1412 ~ 1447 年）
娶（1）比阿特丽斯，腾达的女伯爵（卒于 1418 年）
（2）萨伏依的马利亚（卒于 1469 年）

瓦伦蒂娜
（1370 ~ 1408 年）
嫁给瓦卢瓦的路易奥尔良公爵

查尔斯
奥尔良公爵

路易十二
法兰西国王（1498 ~ 1515 年）
（1499 ~ 1512 年统治米兰）

安布罗西亚共和国（1447 ~ 1450 年）

Ⅺ. **弗朗西斯科 · 史佛尔扎一世**
（生于 1401 年）
米兰公爵（1450 ~ 1466 年）
安科纳侯爵
娶（1）波利塞娜 · 卢芙
蒙塔尔托女伯爵
（卒于 1427 年）

娶（3）比安卡 · 马利亚
（卒于 1468 年）

下接 史佛尔扎家族

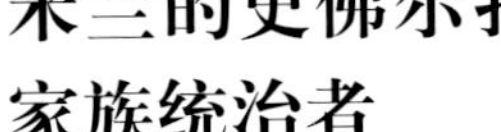

4. 米兰的史佛尔扎家族统治者

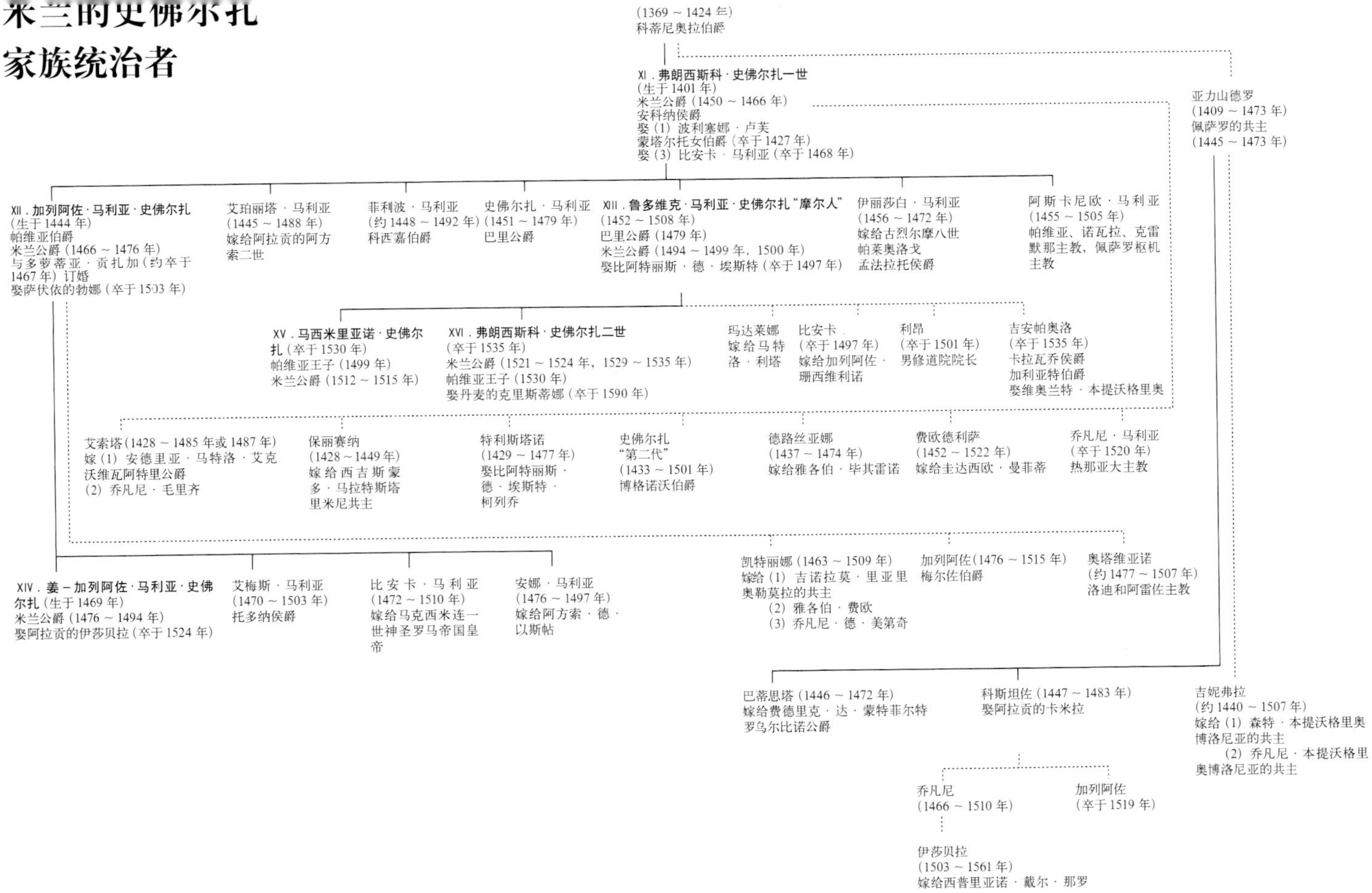

(1369 ~ 1424 年)
科蒂尼奥拉伯爵

XI. 弗朗西斯科·史佛尔扎一世
(生于 1401 年)
米兰公爵 (1450 ~ 1466 年)
安科纳侯爵
娶 (1) 波利塞娜·卢芙
蒙塔尔托女伯爵 (卒于 1427 年)
娶 (3) 比安卡·马利亚 (卒于 1468 年)

亚力山德罗
(1409 ~ 1473 年)
佩萨罗的共主
(1445 ~ 1473 年)

XII. 加列阿佐·马利亚·史佛尔扎
(生于 1444 年)
帕维亚伯爵
米兰公爵 (1466 ~ 1476 年)
与多萝蒂亚·贡扎加 (约卒于 1467 年) 订婚
娶萨伏依的勃娜 (卒于 1503 年)

艾珀丽塔·马利亚
(1445 ~ 1488 年)
嫁给阿拉贡的阿方索二世

菲利波·马利亚
(约 1448 ~ 1492 年)
科西嘉伯爵

史佛尔扎·马利亚
(1451 ~ 1479 年)
巴里公爵

XIII. 鲁多维克·马利亚·史佛尔扎"摩尔人"
(1452 ~ 1508 年)
巴里公爵 (1479 年)
米兰公爵 (1494 ~ 1499 年，1500 年)
娶比阿特丽斯·德·埃斯特 (卒于 1497 年)

伊丽莎白·马利亚
(1456 ~ 1472 年)
嫁给古烈尔摩八世
帕莱奥洛戈
孟法拉托侯爵

阿斯卡尼欧·马利亚
(1455 ~ 1505 年)
帕维亚、诺瓦拉、克雷默那主教，佩萨罗枢机主教

XV. 马西米里亚诺·史佛尔扎 (卒于 1530 年)
帕维亚王子 (1499 年)
米兰公爵 (1512 ~ 1515 年)

XVI. 弗朗西斯科·史佛尔扎二世
(卒于 1535 年)
米兰公爵 (1521 ~ 1524 年，1529 ~ 1535 年)
帕维亚王子 (1530 年)
娶丹麦的克里斯蒂娜 (卒于 1590 年)

玛达莱娜
嫁给马特洛·利塔

比安卡
(卒于 1497 年)
嫁给加列阿佐·珊西维利诺

利昂
(卒于 1501 年)
男修道院院长

吉安帕奥洛
(卒于 1535 年)
卡拉瓦乔侯爵
加利亚特伯爵
娶维奥兰特·本提沃格里奥

艾索塔 (1428 ~ 1485 年或 1487 年)
嫁 (1) 安德里亚·马特洛·艾克沃维瓦阿特里公爵
(2) 乔凡尼·毛里齐

保丽赛纳
(1428 ~ 1449 年)
嫁给西吉斯蒙多·马拉特斯塔里米尼共主

特利斯塔诺
(1429 ~ 1477 年)
娶比阿特丽斯·德·埃斯特·柯列乔

史佛尔扎
"第二代"
(1433 ~ 1501 年)
博格诺沃伯爵

德路丝亚娜
(1437 ~ 1474 年)
嫁给雅各伯·毕其雷诺

费欧德利萨
(1452 ~ 1522 年)
嫁给圭达西欧·曼菲蒂

乔凡尼·马利亚
(卒于 1520 年)
热那亚大主教

XIV. 姜-加列阿佐·马利亚·史佛尔扎 (生于 1469 年)
米兰公爵 (1476 ~ 1494 年)
娶阿拉贡的伊莎贝拉 (卒于 1524 年)

艾梅斯·马利亚
(1470 ~ 1503 年)
托多纳侯爵

比安卡·马利亚
(1472 ~ 1510 年)
嫁给马克西米连一世神圣罗马帝国皇帝

安娜·马利亚
(1476 ~ 1497 年)
嫁给阿方索·德·以斯帖

凯特丽娜 (1463 ~ 1509 年)
嫁给 (1) 吉诺拉莫·里亚里奥勒莫拉的共主
(2) 雅各伯·费欧
(3) 乔凡尼·德·美第奇

加列阿佐 (1476 ~ 1515 年)
梅尔佐伯爵

奥塔维亚诺
(约 1477 ~ 1507 年)
洛迪和阿雷佐主教

巴蒂思塔 (1446 ~ 1472 年)
嫁给费德里克·达·蒙特菲尔特罗乌尔比诺公爵

科斯坦佐 (1447 ~ 1483 年)
娶阿拉贡的卡米拉

吉妮弗拉
(约 1440 ~ 1507 年)
嫁给 (1) 森特·本提沃格里奥博洛尼亚的共主
(2) 乔凡尼·本提沃格里奥博洛尼亚的共主

乔凡尼
(1466 ~ 1510 年)

加列阿佐
(卒于 1519 年)

伊莎贝拉
(1503 ~ 1561 年)
嫁给西普里亚诺·戴尔·那罗

5. 费拉拉的埃斯特家族统治者

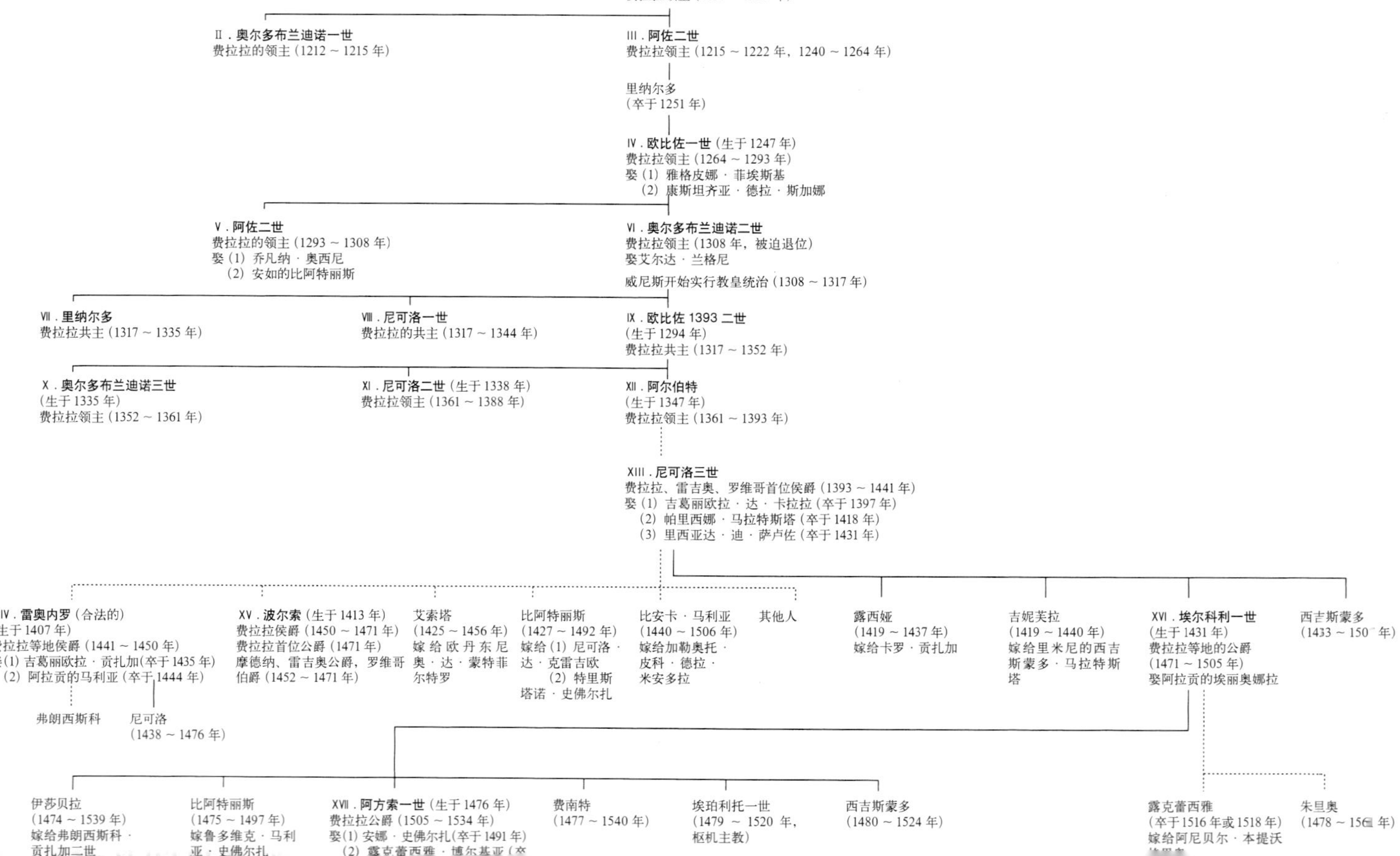

6. 曼托瓦的贡扎加家族统治者

Ⅱ.圭多
(约生于 1290 年)
曼托瓦市长 (1360 ~ 1369 年)

Ⅲ.鲁多维克
(生于 1334 年)
曼托瓦市长 (1369 ~ 1382 年)
娶阿尔达·德·以斯帖 (卒于 1381 年)

Ⅳ.弗朗西斯科一世
(生于 1366 年)
曼托瓦市长 (1382 ~ 1407 年)
娶玛格赫丽塔·马拉特斯塔 (卒于 1399 年)

Ⅴ.基昂弗朗西斯科
(生于 1395 年)
曼托瓦市长 (1407 ~ 1433 年)
曼托瓦侯爵 (1433 ~ 1444 年)
娶鲍拉·马拉特斯塔 (卒于 1453 年)

Ⅴ的子女：

- **Ⅵ.鲁多维克** (生于 1412 年) 侯爵 (1444 ~ 1478 年) 娶布兰登堡的芭芭拉 (卒于 1481 年)
- 卡罗 (1417 ~ 1456 年) (雇佣军队长) 娶露西娅·德·以斯帖
- 玛格赫丽塔 (1418 ~ 1439 年) 嫁给雷奥内罗·德·以斯帖
- 基昂鲁西多 (1423 ~ 1448 年)
- 西西丽娅 (1426 ~ 1451 年)
- 亚力山德罗 (1427 ~ 1466 年)

Ⅵ的子女：

- **Ⅶ.费德里克** (生于 1441 年) 侯爵 (1478 ~ 1484 年) 娶巴伐利亚的玛格丽特 (卒于 1479 年)
- 弗朗西斯科 (1444 ~ 1483 年) (枢机主教)
- 多萝蒂亚 (1449 ~ 1467 年)
- 鲁道夫 (1451 ~ 1495 年) 娶 (1) 安娜·德·马拉特斯塔 (2) 凯特丽娜·皮可
- 芭芭拉 (1455 ~ 1505 年) 嫁给艾伯哈德乌登堡公爵
- 鲁多维克 (1460 ~ 1511 年) (曼托瓦主教)
- 鲍拉 (1463 ~ 1497 年) 嫁给莱昂哈德戈里西亚伯爵
- 基昂弗朗西斯科 (1446 ~ 1496 年) 波佐洛和萨比奥内塔的地主 娶安东尼娅·戴尔·巴尔佐 (卒于 1538 年)
- 其他 2 人

Ⅶ的子女：

- 奇娅拉 (1465 ~ 1503 或 1505 年) 嫁给达克·德·蒙邦西耶
- **Ⅷ.弗朗西斯科二世** (生于 1466 年) 侯爵 (1484 ~ 1519 年) 娶伊莎贝拉·德·以斯帖 (卒于 1539 年)
- 西吉斯蒙多 (1469 ~ 1525 年) (枢机主教)
- 伊丽莎白 (1471 ~ 1526 年) 嫁给圭多巴多·达·蒙特菲尔特罗乌尔比诺公爵
- 玛达莱娜 (1472 ~ 1490 年) 嫁给佩萨罗的乔凡尼·史佛尔扎
- 乔凡尼 (1474 ~ 1523 年)

基昂弗朗西斯科 (1446 ~ 1496 年) 的子女：

- 鲁多维克 (卒于 1540 年)
  - 路易吉 (1500 ~ 1532 年) 萨比奥内塔的地主 娶柯·隆那 (卒于 1570 年)
- 皮罗 (卒于 1529 年) 波佐洛、圣马蒂诺·多尔·阿吉尼的地主

Ⅷ的子女：

- 伊蕾诺拉 (1494 ~ 1570 年) 弗朗西斯科·马利亚·德拉·罗韦尔乌尔比诺公爵
- **Ⅸ.费德里克** (生于 1500 年) 曼托瓦侯爵 (1519 ~ 1530 年) 曼托瓦侯爵 (1530 ~ 1540 年) 娶孟法拉托的玛格赫丽塔·帕莱奥洛戈 (卒于 1566 年)
- 艾珀丽塔 (1501 ~ 1570 年) (修女)
- 埃尔科利 (1505 ~ 1563 年) (枢机主教)
- 利维娅 (1508 ~ 1569 年) (修女)
- 费南特 (生于 1507 年) 瓜斯特拉王子 (1539 ~ 1557 年) 娶卡普阿的伊莎贝拉

15 世纪末的政治地图

萨伏依－皮埃蒙特公国
米兰公国
贝加莫
都灵
米兰
托
拉
法
蒙
布雷西亚
威尼斯共和国
萨卢索侯国
帕维亚
克雷莫纳
维罗纳
皮亚琴察
曼托瓦侯国
曼托瓦
帕尔马
帕多瓦
威尼斯
阿奎拉
的里雅斯特
热那亚
威尼斯海湾
伊斯特拉半岛
曼托瓦
费拉拉
摩德纳公国
博洛尼亚
费拉拉公国
利古里亚海
卢卡
拉韦纳
法恩扎
佛罗伦萨共和国
比萨
佛罗伦萨
阿尔诺河
里米尼
沃尔泰拉
佩萨罗
锡耶纳
乌尔比诺
厄尔巴岛
锡耶纳共和国
古比奥
安科纳
佩鲁贾
科西嘉岛
帕尔马王国
达尔马提亚
佩斯卡拉
亚得里亚海
台伯河
罗马
萨丁岛
加埃塔
那不勒斯王国
那不勒斯
卡斯泰拉马莱
萨莱诺
巴里
第勒尼安海
布林迪西
塔兰托
巴勒莫
墨西拿
雷焦卡
西西里王国
N
W
E
S
0
100 米
0
150 千米

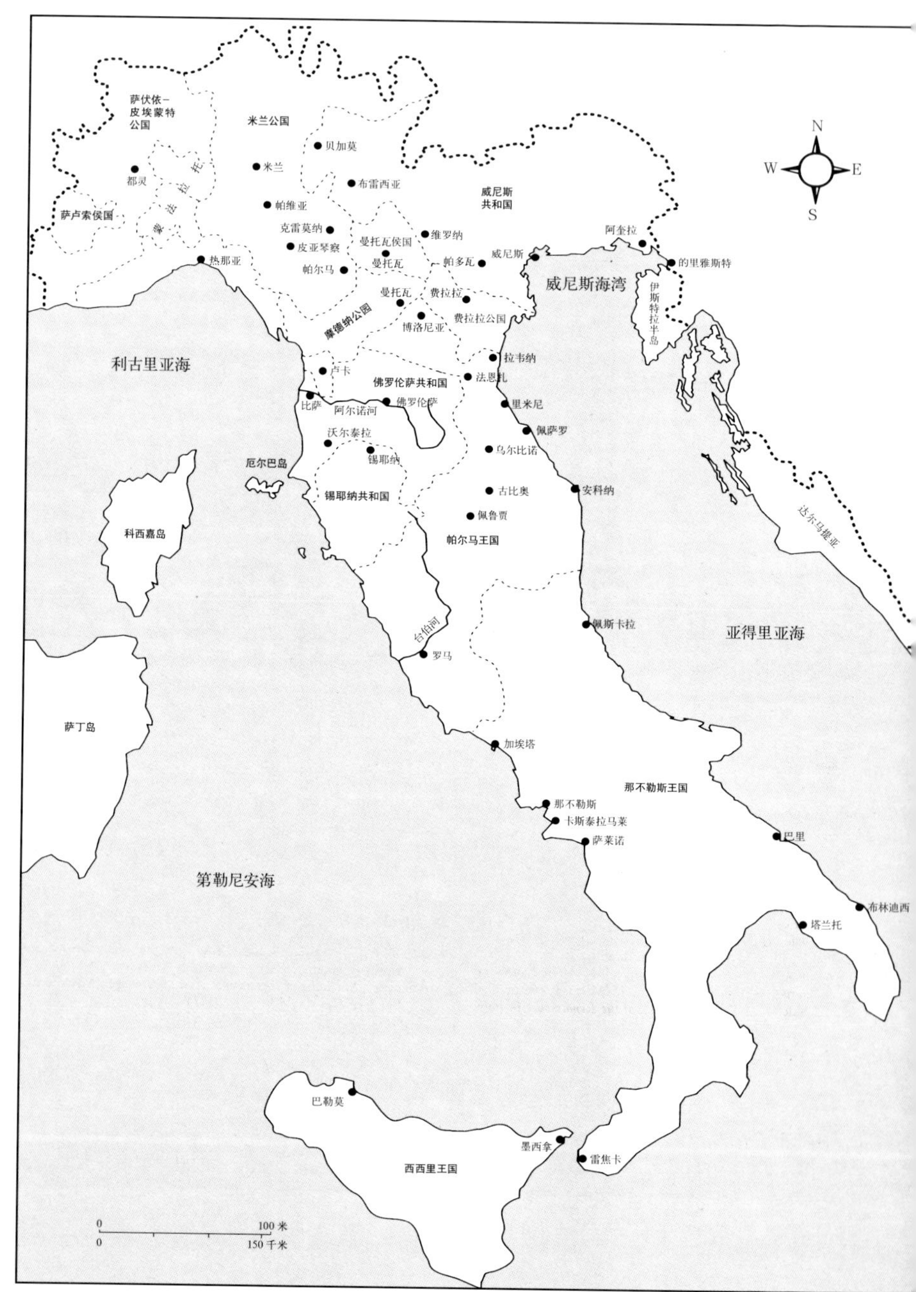

参考文献

For translations and discussions of original Latin and Italian texts I am indebted in particular to the writings of Michael Baxandall (Bartolomeo Fazio, Lorenzo Valla, Guarino da Verona, Manuel Chrysoloras, Angelo Decembrio); Carol Kidwell (Giovanni Pontano); Creighton Gilbert; J. P. Richter (Leonardo da Vinci); and Martin Warnke. Translations of key treatises, such as Alberti's *On Painting* and Vasari's *Lives of the Artists* are included under their original titles. I have also given details of some specialist articles which contain important new research.

ACKERMAN, J. S., "The Certosa of Pavia and the Renaissance in Milan," *Marsyas*, 5 (1947-49)

ADY, C., A *History of Milan under the Sforza* (London: Methuen, 1907)

ALBERTI, LEON BATTISTA, *On the Art of Building in Ten Books* (eds J. J. Rykwert, N. Leach, and R. Tavernor; Cambridge, Mass. and London: MIT Press, 1988)

— *On Painting* (ed. M. Kemp and trans. C. Grayson; London: Penguin, 1991)

ALEXANDER, J. J. G. (ed.), *The Painted Page: Italian Renaissance Book Illumination 1450-1550* (exh. cat., London: Royal Academy of Arts and New York, Pierpont Morgan Library, 1994; Munich and New York: Prestel, 1994)

AMES-LEWIS, F., AND A. BEDNAREK (eds), *Mantegna and 15th-Century Court Culture* (London: Birkbeck College, 1993)

BAXANDALL, M., "A Dialogue on Art from the Court of Leonello d'Este: Angelo Decembrio's 'Politia Litteraria' Pars LXVIII," *Journal of the Warburg and Courtauld Institutes*, 26 (1963)

— *Giotto and the Orators* (Oxford: Clarendon Press, 1971)

— *Painting and Experience in Fifteenth-century Italy* (Oxford: Clarendon Press, 1972)

BENTLEY, J. H., *Politics and Culture in Renaissance Naples* (Princeton, N.J.: Princeton University Press, 1987)

BERNARDI, P., *Carthusian Monastery of Pavia* (Novara: Istituto Geografico De Agostini, 1986)

BERTELLI, C., *Piero della Francesca* (New Haven and London: Yale University Press, 1992)

BERTELLI, S., F. CARDINI, AND E. GARBERO ZORZI, *Italian Renaissance Courts* (London: Sidgwick and Jackson, 1986)

BOLOGNA, F., *Napoli e le rotte Mediterranée della pittura: da Alfonso il Magnanimo a Ferdinando il Cattolico* (Naples: Società napoletana di storia patria, 1977)

BOLOGNA G. (ed.), *Milan e gli Sforza: Gian Galeazzo Maria e Ludovico il Moro (1476-1499)* (Milan: Rizzoli, 1983)

BORSI, F., *Bramante* (Milan: Electa, 1989)

BRAMBILLA BARCILON, P., AND P. C. MARANI, *Le Lunette di Leonardo nel Refettorio delle Grazie* (Milan: Olivetti, 1990)

BURCKHARDT, J., *The Civilization of the Renaissance in Italy* (2nd ed.; Oxford: Phaidon, 1981)

BURKE, P., *The Italian Renaissance: Culture and Society in Italy* (rev. ed.; Princeton, N.J.: Princeton University Press, 1986)

CAMPBELL, L., *Renaissance Portraits* (New Haven and London: Yale University Press, 1990)

CASTELFRANCHI, L., AND J. SHELL (eds), *Giovanni Antonio Amadeo: Scultura e Architettura del suo Tempo* (Milan: Cisalpino, 1993)

CASTIGLIONE, BALDASSARE, *The Book of the Courtier* (trans. G. Bull; London: Penguin, 1967)

CHAMBERS, D., AND J. MARTINEAU (eds), *The Splendours of the Gonzaga* (exh. cat., London: Victoria and Albert Museum, 1981)

CHAMBERS, D. S., *Patrons and Artists in the Italian Renaissance* (London: Macmillan, 1970)

— "Sant'Andrea at Mantua and Gonzaga Patronage 1460-1472," *Journal of the Warburg and Courtauld Institutes*, 40 (1977)

CHELES, L., *The Studiolo of Urbino: An Iconographic Investigation* (University Park, Pa.: Pennsylvania State University Press, 1986)

CLARK, N., *Melozzo da Forlì* (London: Philip Wilson, 1990)

CLOUGH, C. H. (ed.), *Cultural Aspects of the Italian Renaissance: Essays in Honour of Paul Oscar Kristeller* (Manchester: Manchester University Press, 1976)

— *The Duchy of Urbino in the Renaissance* (London: Variorum Reprints, 1981)

— "Federigo da Montefeltro: The Good Christian Prince," *Bulletin of the John Rylands Library*, LXVII, 1 (Autumn 1984)

CORDARO, M. (ed.), *Mantegna's Camera degli Sposi* (Milan and New York: Electa, 1993)

CORIO, BERNARDINO, *Storia di Milano*, (ed. A. Morisi Guerra; Turin: Unione tipografico-editrice-torinese, 1978)

CORTI, G., AND L. FUSCO, "Lorenzo de' Medici on the Sforza Monument," *Achademia Leonardi Vinci*, 5 (1992)

CZARTORYSKI, W., et al. (eds), *Circa 1492: Art in the Age of Exploration* (exh. cat., Washington, D.C.: National Gallery of Art, 1991)

DAL POGGETTO, P. (ed.), *Piero e Urbino: Piero e le corti Rinascimentali* (exh. cat., Urbino, Palazzo Ducale e Oratorio di San Giovanni Battista, 1992; Venice: Marsilio, 1992)

DEAN, T., *Land and Power in Late Medieval Ferrara: The Rule of the Este, 1350-1450* (Cambridge: Cambridge University Press, 1988)

DENNISTOUN, J., *Memoirs of the Dukes of Urbino... 1440-1630* (3 vols; London: Longman, Brown, Green, and Longman, 1851)

DICKENS, A. G. (ed.), *The Courts of Europe: Politics, Patronage and Royalty 1400-1800* (New York: McGraw Hill, 1977)

DRISCOLL, E. R., "Alfonso of Aragon as a Patron of Art," *Essays in Memory of Karl Lehmann* (ed. L.F. Sandler; New York: Institute of Fine Art, NYU, 1964)

DUNKERTON, J., S. FOISTER, D. GORDON, AND N. PENNY, *Giotto to Durer: Early Renaissance Painting in the National Gallery* (New Haven and London: Yale University Press, 1991)

EICHE, S., "Towards a Study of the 'Famiglia' of the Sforza Court at Pesaro," *Renaissance and Reformation*, 9 (1985)

ELAM, C., *Studioli and Renaissance Court Patronage* (MA thesis; London: Courtauld Institute, 1970)

ELIAS, N., *The Court Society* (Oxford: Blackwell, 1983)

EVANS, M. L., "New Light on Sforziada Frontispieces...," *British Library Journal*, XIII, 2 (Autumn 1987)

FILARETE, *Treatise on Architecture* (ed. and trans. J. R. Spenser; 2 vols; New Haven, and London: Yale University Press, 1965)

FORTI GRAZZINI, N., *Arazzi a Ferrara* (Milan: Electa, 1982)

FOSSI TODOROW, M., *I Disegni del Pisanello e della sua cerchia* (Florence: Leo S. Olschki, 1966)

From Borso to Cesare d'Este: The School of Ferrara 1450-1628, (exh. cat., London: Matthiesen Fine Arts, 1984)

GERBONI BAIARDI, G., G. CHITTOLINI, AND P. FLORIANI (eds), *Federico da Montefeltro: Lo Stato, Le Arti, La Cultura* (3 vols; Rome: Bulzoni, 1986)

GILBERT, C. E., *Italian Art 1400-1500: Sources and Documents* (Englewood Cliffs, N.J., and London: Prentice Hall, 1980)
GOLDTHWAITE, R., *Wealth and the Demand for Art in Italy 1300-1600* (Baltimore: John Hopkins University Press, 1993)
GRAFTON, A., AND L. JARDINE, *From Humanism to the Humanities: Education and the Liberal Arts in Fifteenth- and Sixteenth-century Europe* (London: Duckworth, 1986)
GREEN, L., "Galvano Fiamma, Azzone Visconti and the Revival of the Classical Theory of Magnificence," *Journal of the Warburg and Courtauld Institutes*, 53 (1990)
GUNDERSHEIMER, W., *Ferrara: The Style of a Renaissance Despotism* (Princeton, N.J.: Princeton University Press, 1973)
HALE, J. R., *The Civilization of Europe in the Renaissance* (London: HarperCollins, 1993)
HARTT, F., *A History of Italian Renaissance Art: Painting Sculpture, Architecture* (rev. ed.; London: Thames and Hudson, 1987)
HAY, D., *Europe in the Fourteenth and Fifteenth Centuries* (2nd. ed.; London: Longman, 1989)
HERSEY, G. L., *Alfonso II and the Artistic Renewal of Naples, 1485-1495* (New Haven and London: Yale University Press, 1969)
— *The Aragonese Arch at Naples, 1443-1475* (New Haven and London: Yale University Press, 1973)
HILL, G. F., *A Corpus of Italian Medals of the Renaissance Before Cellini* (2 vols; London: British Museum, 1930)
HOLLINGSWORTH, M., *Patronage in Renaissance Italy: From 1400 to the Early Sixteenth Century* (London: John Murray, 1994)
HOPE, C., *Titian* (London: Jupiter, 1980)
— "The Early History of the Tempio Malatestiano," *Journal of the Warburg and Courtauld Institutes*, 55 (1992)
IANZITI, G., *Humanistic Historiography under the Sforzas* (Oxford: Clarendon Press, 1988)
JACOBS, E. F. (ed.), *Italian Renaissance Studies* (London: Faber and Faber, 1960)
JENKINS, A. D. FRASER, "Cosimo de' Medici's Patronage of Architecture and the Theory of Magnificence," *Journal of the Warburg and Courtauld Institutes*, 33 (1970)
JONES, P., *The Malatesta of Rimini and the Papal State: A Political History* (London: Cambridge University Press, 1974)
JONES, R., AND N. PENNY, *Raphael* (New Haven and London: Yale University Press, 1983)
KEMP, M., *Leonardo da Vinci: The Marvellous Works of Nature and Man* (London: Dent, 1981)
KEMPERS, B., *Painting, Power and Patronage: The Rise of the Professional Artist in the Italian Renaissance* (London: Allen Lane, 1992)
KENT, F. W., AND P. SIMON (eds), *Patronage, Art and Society in Renaissance Italy* (Oxford: Clarendon Press, 1987)
KIDWELL, C., *Pontano* (London: Duckworth, 1991)
KING, D., "Gasparo Visconti's *Pasitea* and the Sala delle Asse," *Achademia Leonardi Vinci*, 2 (1989)
KRISTELLER, P. O., *Mantegna* (London: Longman, 1901)
LEONARDO DA VINCI, *The Literary Works of Leonardo da Vinci* (ed. J. P. Richter, 2 vols; Oxford: Phaidon, 1977)
LIGHTBOWN, R., *Mantegna* (Oxford: Phaidon, 1986)
LOCKWOOD, L., *Music in Renaissance Ferrara, 1400-1505* (Oxford: Clarendon Press, 1984)
LUBKIN, G., *A Renaissance Court: Milan under Galeazzo Maria Sforza* (Berkeley and London: University of California Press, 1994)
LUGLI, A., *Guido Mazzoni e la Rinascità della Terracotta nel Quattrocento* (Turin: Allemandi, 1990)
LYTLE, G. F., AND S. ORGEL (eds), *Patronage in the Renaissance* (Princeton, N.J.: Princeton University Press, 1981)
MACHIAVELLI, NICCOLÒ, *The Prince* (ed. P. Bondanella and trans. P. Bondanella and Mark Musa; Oxford: Oxford University Press, 1984)
MALAGUZZI VALERI, F., *La Corte di Lodovico il Moro* (4 vols; Milan: Ulrico Hoepli, 1913-23)
MANCA, J., *The Art of Ercole de' Roberti* (Cambridge: Cambridge University Press, 1992)
— "The Presentation of a Renaissance Lord: Portraiture of Ercole I d'Este, Duke of Ferrara (1471-1505)," *Zeitschrift f Kunstgeschichte*, 52 (1989)
MARCIANO A. F., *L'età di Biagio Rossetti: Rinascimenti di Casa d'Este* (Ferrara: G. Corbo, 1991)
MARTINDALE, A., *The Triumphs of Caesar by Andrea Mantegna* (London: Harvey Miller, 1979)
MARTINEAU J., AND S. BOORSCH (eds), *Andrea Mantegna* (exh. cat., London: Royal Academy of Arts, 1992; London: Thames and Hudson, 1992)
MARTINES, L., *Power and Imagination: City States in Renaissance Italy* (New York: Knopf, 1980)
MILLON, H. A., AND V. MAGNAGO LAMPUGNANI (eds), *The Renaissance from Brunelleschi to Michelangelo: The Representation of Architecture* (exh. cat., Venice: Palazzo Grassi, 1994; London: Thames and Hudson, 1994)
MORROGH, A., et al. (eds), *Renaissance Studies in Honor of Craig Hugh Smyth* (2 vols, Villa I Tatti conference; Florence: Giunti Barbèra, 1985)
MORSCHECK, C. R., *Relief Sculpture for the Facade of the Certosa di Pavia, 1473-1499* (New York and London: Garland, 1978)
NATALE, M., AND A. MOTTOLA MOLFINO (eds), *Le Muse e il Principe: Arte di Corte nel Rinascimento Padano* (exh. cat., Milan: Museo Poldi Pezzoli, 1991; 2 vols, Milan: Franco Cosimo Panini, 1991)
OLSEN, H., *Urbino* (Copenhagen: G. E. C. Gads, 1971)
PADE, M., L. WAAGE PETERSEN, AND D. QUARTA (eds), *La Corte di Ferrara e il suo mecenatismo 1441-1598* (Copenhagen: Atti del Convegno Internazionale, 1989)
PANE, R., *Il Rinascimento nell'Italia Meridionale* (2 vols; Milan: Edizioni di Comunità, 1975)
PAPAGNO, G., AND A. QUONDAM, *La Corte e lo Spazio: Ferrara estense* (3 vols; Rome: Bulzoni, 1982)
PARTRIDGE, L., AND R. STARN, *Arts of Power* (Berkeley and Oxford: University of California Press, 1992
PATERA, B., *Francesco Laurana in Sicilia* (Palermo: Novecento, 1992)
PENMAN, B. (ed.), *Five Italian Renaissance Comedies* (Harmondsworth: Penguin, 1978)
PICCOLOMINI, AENEAS SILVIUS [Pope Pius II] *Memoirs of a Renaissance Pope: The Commentaries of Pius II* (ed. L. C. Gabel, trans. F. A. Gragg; London: Allen and Unwin, 1960)
POLICHETTI, M. L., *Il Palazzo di Federigo da Montefeltro* (Urbino: Quattroventi Edizioni, 1985)
POLLARD, J. G. (ed.), *Italian Medals: National Gallery of Washington Studies in the History of Art* (Washington D.C.: National Gallery of Art, 1987)
Renaissance Studies, III, 4 (1989), devotes an issue to court scholarship.
RETI, L. (ed.), *The Unknown Leonardo* (London: Hutchinson, 1974)
ROGER, M., "The Decorum of Women's Beauty ...," *Renaissance Studies*, II, 1 (1988)
ROSENBERG, C. M., *Art in Ferrara during the Reign of Borso d'Este (1450-1471)* (PhD thesis; Ann Arbor, Mich.: University of Michigan, 1974)
— "The Bible of Borso d'Este: Inspiration and Use," *Cultura Figurativa Ferrarese tra XV e XVI Secolo*, 1 (1981)

(ed.), *Art and Politics in Late Medieval and Early Renaissance Italy: 1250-1500* (Notre-Dame, Ind. and London: University of Notre-Dame Press, 1990)

)SSI, M., AND A. ROVETTA, *Il Cenacolo di Leonardo* (Milan: Olivetti, 1988)

)TONDI, P., *Il Palazzo Ducale di Urbino* (2 vols; Urbino: L'Istituto Statale d'Arte, 1950)

YDER, A. F. C., *The Kingdom of Naples under Alfonso the Magnanimous* (Oxford: Clarendon Press, 1976)

LMONS, J., AND W. MORETTI (eds), *The Renaissance in Ferrara and its European Horizons* (Cardiff: University of Wales Press, 1984)

HER S. K. (ed.), *The Currency of Fame: Portrait Medals of the Renaissance*, (exh. cat., New York: Frick Collection, 1994; London: Thames and Hudson, 1994)

GNORINI, R., *La più bella camera del mondo: la Camera Dipinta* (Mantua: Editrice, 1992)

OGLUND, M. A., *In Search of the Art Commissioned and Collected by Alfonso I of Naples* (PhD thesis; Columbia: University of Missouri, 1989)

MYTH, C. H., AND G. C. GARTANINI (eds), *Florence and Milan: Comparisons and Relations* (Acts of Two Conferences at the Villa I Tatti, Florence 1982-84; Florence: La Nuovo Italia editrice, 1989)

HOMSON, D., *Renaissance Architecture: Critics. Patrons. Luxury* (Manchester and New York: Manchester University Press, 1993)

UOHY, T., *Studies in Domestic Expenditure at the Court of Ferrara* (PhD thesis; London: Warburg Institute, 1982)

VASARI, GIORGIO, *The Lives of the Artists* (trans. J. C. and P. Bondanella; Oxford: Oxford University Press, 1991)

— *Le Vite de' Più Eccelenti Pittori, Scultori ed Architettori* (ed. G. Milanesi, 9 vols; Florence: Sansoni, 1906)

VERHEYEN, E., *The Paintings in the Studiolo of Isabella D'Este at Mantua* (New York: New York University Press, 1971)

WARNKE, M., *The Court Artist* (Cambridge: Cambridge University Press, 1993)

WEIL-GARRIS, K., AND J. F. D'AMICO, "The Renaissance Cardinal's Ideal Palace: A Chapter from Cortesi's 'De Cardinalatu'," *Studies in Italian Art and Architecture...* (Memoirs of the American Academy in Rome, 35; Rome: American Academy in Rome, 1980)

WELCH, E. S., "The Image of a Fifteenth-century Court: Secular Frescoes for the Castello di Porta Giovia, Milan," *Journal of the Warburg and Courtauld Institutes*, 53 (1990)

— "Galeazzo Maria Sforza and the Castello di Pavia, 1469," *Art Bulletin*, LXXI, 3 (September 1989)

WESTFALL, C. W., *In This Most Perfect Paradise* (London: Pennsylvania State University Press, 1974)

WHITAKER, M., *The Legends of King Arthur in Art* (Woodbridge, Suffolk: D. S. Brewer, 1990)

WOODS-MARSDEN, J., *The Gonzaga of Mantua and Pisanello's Arthurian Frescoes* (Princeton, N.J.: Princeton University Press, 1988)

— (ed.) "Art, Patronage and Ideology at Fifteenth-century Courts," *Schifanoia: Notizie dell'Istituto di Studi Rinascimentali di Ferrara*, 10 (1990)

Picture Credits

etails of collections are given in the captions. Additional formation, copyright credits, and photo sources re given below. Numbers are figure numbers unless ndicated.

linari, Florence: 3, 32, 60, 79
mes Austin, Cambridge: 11
affaello Bencini, Florence: 7, 17, 18, 62
iblioteca Ambrosiana, Milan: 69 (Codex Atlanticus 53 v-ab)
iblioteca Comunale Ariostea, Ferrara: 89 (photo B&G Studio Fotografico, Ferrara)
iblioteca Estense, Modena: 97 (Lat. 422, MS V.G. 12, vol.I c.280 v), 103, and page 119 (detail of 97)
iblioteca Nacional, Madrid: 75 (Codex 2, 149 r.)
ibliothéque Nationale, Paris: 68 and 76 (Imp. Res.Velin 724) Museum Boymans van Beuningen, Rotterdam: 31
'he Bridgeman Art Library, London/Giraudon, Paris: 20
'he British Library, London: 34 (MS Add 28962 fol.281 v.)
'almann & King, London: 110 (photo Ralph Lieberman)
'oto Chiolini, Pavia: 77, 80, 81
Auseo Civico, Rimini: 25, 26, 56
'he Cleveland Museum of Art: 15 (© The Cleveland Museum of Art, Leonard C.Hanna, Jr. 64.150)
Giancarlo Costa, Milan: 71
Devonshire Collection, Chatsworth: 96 (Reproduced by permission of the Chatsworth Settlement Trustees)
Arti Doria Pamphili, Rome: 90
'otografica Foglia, Naples: 24, 37, 41, 43, 44, 45, 46, 47, 102, and page 45 (detail of 45)
Foto Moderna, Urbino: 2, 8, 54, 57, 61, 64, 66, 67, 82, 50, and page 91 (detail of 67)
Giovetti, Mantua: 16, 28, 111, 124, 126
Landesmuseum für Karnten, Klagenfurt, Austria: 5, and page 7 (detail of 5)
The Metropolitan Museum of Art, New York, Fletcher Fund, 1946: 4
Ali Meyer, Vienna: 119, 120
Paolo Mussat Sartor, Turin: 101
National Gallery, London: 1, 52, 95, 100, 118, 127
National Gallery of Art, Washington: 14 (Widener Collection), 91 (Samuel H. Kress Collection), 92 (Samuel H. Kress Collection), 99 (Ailsa Mellon Bruce Fund); all © 1995 National Gallery of Art, Washington, Board of Trustees
© Olivetti, Milan and Soprintendenza ai Beni Artistici: 85 (photo A. Quattrone)
Museo Poldi Pezzoli, Milan: 94
© Museo del Prado, Madrid: 35, 93, 128, and page 171 (detail of 128)
Réunion des Musées Nationaux, Paris: 42, 59, 105, 117, 122, 123, 125, and page 143 (detail of 122)
The Royal Collection, Windsor © Her Majesty Queen Elizabeth II: 116
Scala, Florence: pages 2-3, 6, 9, 10, 12, 13, 19, 23, 33, 36, 48, 49, 51, 53, 55, 58, 63, 65, 70, 72, 78, 83, 84, 87, 88, 98, 104, 106, 107, 108, 109, 112, 113, 114, 115, 121, 174, and page 93 (detail of 87)
Thyssen-Bornemisza Collection, Lugano: 29
© The Trustees of the Victoria & Albert Museum, London: 21, 22, 38, 39, 40, 73, 27, 30, 86, and page 17 (detail of 22)

索 引